环境中抗生素的吸附和迁移
——以渭河再生水影响区为例

王艳华 著

科学出版社

北京

内 容 简 介

抗生素来源广泛，可在地表各圈层间分配交换，其污染问题是人类社会共同面对的全球性环境问题。本书以渭河再生水影响区为例介绍环境中抗生素的吸附和迁移，主要内容包括绪论、实验及理论研究方法、典型抗生素在入渗土壤过程中的吸附机制和迁移机理等。全书以再生水的多元组成为切入点，从环境地球化学的视角，重点介绍渭河西安段含水层结构特征、典型抗生素赋存特征、地下水污染的预测模拟、吸附-脱附规律、迁移机理及其影响因素，特别是矿物界面抗生素吸附行为和迁移机理。

本书可作为环境与健康等领域科研人员和管理工作者的参考书，可为相关管理部门开展健康风险评估、制订相应的污染防治政策提供参考，也可供高等院校环境及相关专业师生参考。

图书在版编目（CIP）数据

环境中抗生素的吸附和迁移：以渭河再生水影响区为例／王艳华著. —北京：科学出版社，2024.6
　ISBN 978-7-03-077376-0

Ⅰ. ①环⋯　Ⅱ. ①王⋯　Ⅲ. ①抗菌素-环境污染-研究　Ⅳ. ①X501

中国国家版本馆 CIP 数据核字（2024）第 002239 号

责任编辑：祝　洁　罗　瑶／责任校对：崔向琳
责任印制：赵　博／封面设计：陈　敬

科学出版社 出版
北京东黄城根北街 16 号
邮政编码：100717
http://www.sciencep.com

中煤（北京）印务有限公司印刷
科学出版社发行　各地新华书店经销
*
2024 年 6 月第 一 版　开本：720×1000　1/16
2025 年 1 月第二次印刷　印张：10 1/2
字数：210 000
定价：**128.00 元**
（如有印装质量问题，我社负责调换）

前　　言

再生水含有多种性质各异的毒性微痕量有机污染物,大量的再生水用于绿化灌溉或沿河道排放,相当一部分最终渗入地下,对于提高水资源利用率、扩大水资源储量、控制地面沉降、防止海水入侵、保障水资源开采量等均具有良好效果。然而,受处理技术、成本及污水排放控制标准等诸多因素的影响,目前我国再生水中抗生素类污染物仍无法被完全去除,一些污水处理厂排放的废水中抗生素浓度甚至达到毫克级。再生水长期回灌入渗地下造成的土壤地下水污染,已成为地球环境科学领域关注的热点问题。掌握再生水入渗条件下抗生素等有机污染物的吸附机制和迁移机理,对保护土壤地下水环境质量和饮用水安全具有重要的科学意义。本书包括绪论、实验与理论研究方法、典型抗生素在土壤渗透过程中的吸附机制和迁移机理等内容。全书以多元化组成的再生水为切入点,从环境地球化学的角度,详细阐述了渭河西安段含水层的结构特征、典型抗生素的赋存特征、地下水污染预测模拟、吸附-脱附规律、迁移机理及影响因素等,其中重点关注矿物界面抗生素的吸附行为和迁移机理的研究,以期为预测和评估抗生素的环境归趋及风险提供数据支持,也为地下水污染防治研究建立核心理论和技术储备。

本书是作者在新污染物环境行为与控制技术领域长期积累和思考后梳理并撰写的,包括作者及其指导研究生多年来的研究成果,是研究团队集体智慧的结晶,也得益于师长及同行的鼓励与帮助。特别感谢为本书相关研究作出贡献的学生王宇婷、杨艳妮、童睿真、吴嘉燕、伍子轩等。在本书成稿过程中,得到了长安大学杨胜科教授、西北农林科技大学贾汉忠教授等大力支持与帮助,在此致以诚挚的谢意。在本书的撰写过程中,作者参考、引用了国内外学者的有关论著,吸收了同行的前沿学术思想,从中得到了很多启发,在此向各位专家学者表示衷心的感谢。

本书相关研究工作和出版得到国家自然科学基金项目(42277207、41807457)、陕西师范大学优秀学术著作出版基金的资助,在此表示感谢!

撰写本书过程中,作者虽然勉力而为,但由于流域水环境污染的复杂性及作者认知的局限性,书中难免存在不足之处,恳请专家学者多提宝贵意见。

作　者
2024年2月于西安

目　　录

第1章 绪 论

1.1 研究背景与意义

1.1.1 理论背景及意义

再生水与天然水在水化学组成上存在显著差异,再生水有以下特点:①因含有较高浓度的无机离子而具有较高的离子强度;②含有一定量的有机物,化学需氧量(chemical oxygen demand,COD)一般在几毫克每升至 50mg/L;③含有病原微生物等生物活性物质[1]。这些成分长期入渗地下,可能会与介质发生一系列物理、化学和生物作用,污染土壤和地下水,因而它的入渗过程远复杂于天然水。我国是抗生素(antibiotics,ATs)生产和使用大国之一[2]。ATs 在生物体中只有少部分被代谢,90%以上以不同形式进入环境[3],再生水中 ATs 种类多、浓度高,已成为 ATs 最重要的接受体。以往对 ATs 的研究侧重于分布特征、残留量、种类,以及单一 ATs 组分在水土环境中的迁移转化特征[2,4-8],但对复合污染迁移的研究只局限在表观现象观察(如溶液 pH 的上升)和热力学理论分析,缺乏通过先进技术手段获得更为直观及可视化的证据。含有多种 ATs 污染物的再生水入渗过程中,含水介质的结构会发生哪些变化? ATs 之间及其与含水介质之间又能发生哪些作用,这些作用或变化会对 ATs 迁移产生什么影响? 这些问题仍缺少明确的分析和解释。因此,急需加强再生水入渗过程中 ATs 污染物迁移行为的深入研究。

从再生水入渗地下的过程来看,ATs 的环境行为表现为:ATs 首先在固体颗粒上吸附,在水力条件(有效孔隙度、渗透系数、回灌方式、pH 和离子强度等)变化的情况下,ATs 的作用类型会发生变化,与含水介质中的矿物、溶解性有机质(dissolved organic matter,DOM)、微塑料等相互作用,在含水介质中迁移,从而造成地下水污染的风险。图 1-1 所示抗生素随再生水入渗在含水介质中迁移的过程中,有一系列的科学问题亟待解决。

1. 水力条件变化与 ATs 迁移的关系

再生水回灌工程的实施,频繁地扰动了地下水水动力场、水化学场,使有机污染物的迁移过程更具复杂多变性。含水介质的有效孔隙度和渗透系数(K_w)是控制水流迁移过程的基本要素,也控制着 ATs 在土壤地下水中的迁移转化[9,10]。因

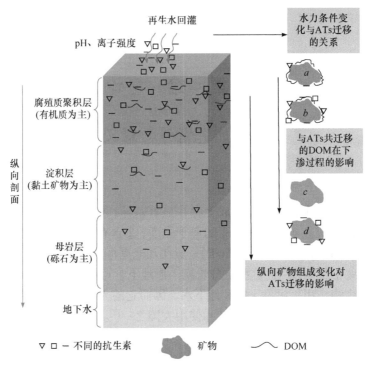

图 1-1　抗生素随再生水入渗在含水介质中迁移示意图

矿物与 DOM 共存下对 ATs 的吸附分 4 类：a-类蛋白型 DOM 弱吸附；b-类腐殖质型 DOM 强吸附；c-矿物单独存在下对 ATs 的弱吸附；d-矿物单独存在下对 ATs 的强吸附

此，认识再生水入渗条件下含水介质有效孔隙度和 K_w 变化规律是研究 ATs 迁移的基础。回灌过程中有效孔隙度和 K_w 变化直接受堵塞[11]影响，包括水体携带颗粒物填充孔隙的物理堵塞[1]，污染物之间或与含水介质之间发生作用，形成沉淀的化学堵塞[12]或者水体中微生物增殖附着/堆积在含水介质上的生物堵塞[13]。李绪谦等研究表明，单一污染物连续入渗对含水介质孔隙结构和 K_w 作用呈简单的线性变化规律，与回灌时间、颗粒物大小等因素有关，且不同含水介质呈现出相似的变化规律[14]。然而，持续入渗下，再生水中的无机组分、有机组分在含水介质中会发生一些作用，对介质的有效孔隙度及 K_w 可能产生影响：再生水入渗使含水介质的孔隙数量及大小逐渐减小，不同介质堵塞程度依次为粉砂>细砂>中砂，水体中有机质的浓度越高，堵塞越快，且 K_w 随时间推移呈指数形式衰减。等浓度等水量的再生水回灌实验表明，间歇回灌渗出水中有机污染物浓度仅为连续回灌的 0%～44.5%[9]，表明间歇回灌过程中污染物能够被有效截留。截留效果与体系的 pH、离子强度等有关[1,15]，不同 pH 条件下，ATs 可以是阳离子、中性分子、阴离子，或它们以不同比例存在。ATs 在中性环境下会离解为阴离子，与系统中的阳离子形成离子对，或者通过阳离子桥接作用使其与介质的作用大大增强[8]。这个过程如果发生在液相，会促进 ATs 的迁移；如果发生在固相，会抑制 ATs 的迁移。因此，在一定的 pH 和离子强度条件下，探索不同回灌方式(间歇、连续)对 ATs 迁移的影响是实现对 ATs 行为预测的重要前提。可能得到这样的结果：在一定的 pH 和离子强度条件下，间歇回灌与连续回灌相比提高了下渗水水质，间歇回灌可以向地下输送较多氧气，有利于好氧微生物生存繁殖，能有效降解其中的污染物，进而为 ATs 提供更大的吸附空间，有利于去除水体中的污染物。

2. 矿物界面、DOM 与 ATs 的作用机制

入渗介质的组成(特别是沿土壤剖面入渗方向变化)是影响 ATs 行为的重要因素。ATs 复合污染物从地表入渗到地下的过程中，会经过上层(有机质含量较高的腐殖质聚积层)、中层(以黏土矿物为主的淀积层)和下层(以砾石为主的母质层)土壤[16]。土壤结构不同、组成不同，主导的作用方式也不同。尽管无机矿物占土壤固相部分总重量的 90%以上[17]，但像石英、长石、云母等单矿物对有机污染物吸附能力极小，吸附作用主要来自吸附介质中的有机成分[6]。研究表明，矿物(蒙脱石、高岭石)具有很强的吸附性，原因为表面络合及离子交换等作用[5]。因此，不同矿物对 ATs 的吸附存在一定差异，黏土矿物(高岭石等)对 ATs 的吸附能力要高于硬质晶形矿物(石英等)(图 1-1 中的 c 和 d)。其内在原因是表面结构的差异，特别是表面含氧官能团的覆盖比例和零电点(point of zero charge，PZC)。不同的表面结构和性质对 ATs 迁移的贡献究竟有何影响？可以推测：大多数 ATs 存在一个或几个解离常数(pK_a)，矿物表面的官能团对 ATs 吸附的贡献随 ATs 与矿物之间 pK_a-pH_{PZC} 的增大而降低，且随土壤纵向深度的变化而不同。土壤上层是由有机质层、腐殖质层和淋溶层组成的腐殖质聚积层，除矿物以外还含有较多的天然有机质，其中的 DOM 占总有机质的 97.1%[18]。DOM 一方面通过屏蔽矿物表面的吸附位点阻碍 ATs 的吸附；另一方面其丰富的含氧、含氮等官能团会与 ATs 发生吸附作用[19]。因此，在上层土壤中，ATs 在矿物界面的吸附可能存在两种模式(图 1-1)，即 DOM 存在下的弱吸附(图 1-1 中的 a)和 DOM 存在下的强吸附(图 1-1 中的 b)，不同 DOM 对吸附的影响不同。DOM 有源于植物腐化的类腐殖质(humic-like，HL)型和源于人、畜、禽粪尿等类蛋白(protein-like，PL)型之分[13,14]。对不同 DOM 影响土霉素吸附的初步研究发现，HL 型 DOM 可增强 ATs 吸附性，抑制其迁移，因为其含有大量羧基和羟基等官能团；PL 型 DOM 弱化了矿物的吸附性，对 ATs 迁移有促进作用，因为其含有大量芳香性弱、极性强、亲水性强的类蛋白质。因此，ATs 电性、结构变化，或被共吸附在介质中，或沿水流向下共迁移。当 ATs 进入有机质含量低、有更多矿物暴露的中层土壤，缺乏可与其发生作用的有机质，ATs 则与黏土矿物表面基团直接作用，以吸附作用为主(图 1-1 中的 c 和 d)；如果 ATs 能够迁移下渗至下层土壤，进入砾石层，则会在水流驱动下继续迁移，造成地下

水污染。pH 既会影响矿物表面电荷及吸附位点[16]，也会引起有机质结构和 ATs 形态分布的改变(如阳离子、中性分子或阴离子)。因此，选择回灌区土壤中的典型有机质和代表性黏土矿物，开展其与 ATs 作用的研究，是区分 ATs 污染物作用方式、认识其环境效应的关键。

3. 通过基于 SR 光源的 FTIR 结合 μ-XRF 进行识别和论证

有机污染物的非均质吸附是控制其环境行为和风险的重要过程，多项研究证明有机污染物在固体基质表面的非均质分布与 DOM 及矿物成分密切相关[20]。因此，从微观层面研究 ATs、DOM、矿物之间的作用形式和空间分布，对于研究含水介质中 ATs 的迁移机理具有重要帮助。传统的吸附实验难以在微观层面建立固体颗粒的表面特性与有机污染物吸附非均质属性之间的关联，从而无法解释 ATs在含水介质中的非理想行为，如脱附滞后、结合锁定和竞争吸附等，光谱学表征特别是同步辐射(SR)光源的应用，为相关研究提供了强有力的技术支持。SR 光源的高强度特性，使傅里叶变换红外光谱仪(FTIR)和微 X 射线荧光光谱仪(μ-XRF)能够在微小尺寸及低浓度下化学成像[21]。基于 SR 光源的 FTIR 可用来表征环境地球样品中 DOM 的形态分布[16]，以 SR 为光源的 μ-XRF 可用于环境地球样品中有机污染物空间分布的表征[22]，但以上方法都只能表征粒子界面污染物空间分布或 DOM 形态分布问题，不能实现对污染物空间分布和 DOM 形态分布的同时测定，在污染物与 DOM 的同步关联上存在困难。Luo 等将 SR 光源、FTIR 与 μ-XRF结合，成功分析了离子型有机污染物的空间分布与 DOM 及矿物组分的相互关系，在此基础上对污染物的吸附-脱附机理进行了分析[23]。因此，以 SR 为光源的 FTIR与 μ-XRF 结合的方法，可应用于表征含水介质中 ATs 空间分布、DOM 及矿物组分形态分布，进一步分析得到 ATs 分布与 DOM 和矿物组分不同形态之间的关系，从而在微观结构上阐明含水介质中 ATs 的迁移机理。

4. 解析微塑料对 ATs 的吸附行为

微塑料(microplastics，MPs)和 ATs 在环境中的出现已引起全球范围的广泛关注，是当前两类重要的全球性新污染物，其环境风险备受关注[24,25]。MPs 被定义为粒径<5mm 的塑料碎片/颗粒，多数研究中也包括粒径<100nm 的纳米塑料颗粒[26,27]。微塑料在河流、湖泊、水库及海洋中的赋存已被广泛证实[28-30]，不仅可能对水生生物产生物理损伤、生长抑制等毒性效应[31,32]，也易于充当抗生素等污染物的载体而对水生态造成更广泛的影响[33,34]。MPs 因多孔疏水结构对疏水性污染物表现出优良的吸附能力，如多环芳烃(polycyclic aromatic hydrocarbons，PAHs)、多氯联苯(polychlorinated biphenyls，PCBs)和双对氯苯基三氯乙烷(dichlorodiphenyltrichloro-ethane，DDT)等。然而，ATs 与 MPs 普遍共存于环境中，如黄海和苏必利尔湖，

且二者可通过污水处理厂、水产养殖场等共同污染源进入环境并广泛共存。受处理技术、成本及污水排放控制标准等诸多因素的影响，再生水中 MPs、ATs 类污染物仍无法完全被去除[15,24]，二者必然会通过复杂的环境系统发生作用，借此改变彼此的环境地球化学行为，甚至诱发新的环境风险[35,36]。因此，研究 MPs 与 ATs 的作用机制已成为当今环境学科及相关领域关注的热点，成为地球环境科学发展的重点前沿领域之一。探究 MPs 对 ATs 的作用行为是辨识 ATs 迁移的一个重要方面，因此微塑料与抗生素作用机制的研究亟待拓展和深化。

根据以上讨论可知，再生水的多元组成和入渗环境的不断变化为 ATs 迁移转化提供了复杂多变的外部条件，矿物界面、DOM、MPs 与 ATs 作用机制可能是影响包括 ATs 在内的离子型有机污染物在环境中迁移转化行为的重要因素，也为新型离子型污染物的去除提供新思路。本书通过批量平衡吸附、吸附-脱附动力学、pH 条件影响、竞争吸附、土柱入渗模拟，结合相关光谱表征技术，系统研究再生水入渗过程中，水力条件变化对 ATs 迁移的影响、ATs 之间的作用类型，以及矿物、DOM、MPs 在 ATs 环境行为中的贡献，为预测和评估 ATs 的环境归趋及风险提供数据支持，也为地下水污染防治研究建立核心理论和技术储备。

1.1.2　现实背景及需求

我国"十三五"期间的城镇污水处理能力从 2.17 亿 m³/d 提升至 2.68 亿 m³/d，大量的再生水用于绿化灌溉或沿河道排放，相当一部分最终渗入地下，这对于提高水资源利用率、扩大水资源储量、控制地面沉降、防止海水入侵、保障水资源开采量等均具有良好效果[5]。再生水中的 ATs 类污染物受技术所限无法完全去除，一些污水处理厂所排废水中 ATs 浓度甚至达到毫克级[24]。当回灌地发生污染时，往往是多种污染物共存的复合污染，各组分间必然会发生相互作用，从而改变彼此的环境行为，对地下水水质乃至迁移过程产生影响，加剧土壤和地下水污染。面对这一严峻形势，全面掌握再生水入渗条件下地下水中抗生素的吸附机制和迁移特征对保障地下水环境质量和饮水安全具有重要意义。

国外地下水人工回灌工程及其研究开展得相对较早。早在 1905 年，美国密歇根州、佐治亚州等地已开展了人工回灌实验，加州"21 世纪水厂"通过回灌成功控制了海水入侵；德国柏林的雨水、河水及城市污水净化后灌入地下抽用工程[37]；以色列特拉维夫南部的再生水回灌抽用工程；日本将建设地下水库列入了地下水保护立法；荷兰的阿姆斯特丹将河水灌入砂质含水层，为该市提供 75%的饮用水[38]；芬兰 13%的饮用水来自人工回灌地下水[39,40]。另外，加拿大、澳大利亚、印度、科威特及欧洲多国都在发展人工回灌技术[40-42]。我国地下水人工回灌代表性工程有：上海为防止地面沉降的回灌深井工程；北京东郊的"冬灌夏用"回灌工程和西郊地区大口井回灌工程[43]，高碑店再生水回灌再抽出工程[44]；天津为防止海水入侵的回灌工程[45]；济南保泉供水回灌工程[46]；西安为防止地面沉降而导致大雁塔倾斜的回灌工程等[39]。

再生水通过人工回灌补给地下水，为污染物在地下水系统中的迁移转化提供了多变的水动力、水化学环境，使有机污染物的迁移过程与行为特征更具复杂多变性[1]。这与以往针对单一组分在相对稳定的地下水流场中获得的污染物迁移规律肯定有较大不同，回灌过程中有机污染物迁移归趋是典型的人类活动引起的地质环境问题，是传统水文地球化学的延伸和拓展。一方面，该问题涉及水文地质学、地球化学、有机化学、物理化学等多学科的交叉，研究过程既是对有机污染物迁移规律认识和理解的深化，也是对地下水科学与工程学科体系的丰富和发展，必将促进各学科的交叉，在学术上具有重要意义。另一方面，鉴于目前地表水有机污染的普遍性及人工回灌传输污染过程的典型性，开展人工回灌激发地下水中有机污染物的迁移特征研究，不仅丰富了污染水文地质学研究内容，对于保障地下水安全也有着重要的理论和现实意义。

1.2 研 究 进 展

1.2.1 环境中抗生素概况

1. 抗生素简介

1928 年青霉素问世以来，抗生素一直被作为预防与治疗疾病的药物，在水产养殖、家禽养殖和医学制药等领域发挥着重要作用[47]。抗生素是一类微生物(包括细菌、真菌、放线菌等)或高等动物和植物在生命周期中产生的具有病原体或其他活性的次级代谢产物，具有防止或抑制致病微生物生存的能力[48]。目前，最常用的抗生素包括 β-内酰胺类抗生素(如青霉素、头孢菌素)、大环内酯类抗生素(如罗红霉素)、四环素类抗生素(如四环素、土霉素)、氟喹诺酮类抗生素(如诺氟沙星、恩诺沙星)、磺胺类抗生素(如磺胺甲嘧啶、磺胺甲噁唑)等。然而，抗生素的广泛使用，导致抗生素滥用现象也随之而来，再加上动植物体代谢能力有限，抗生素已成为一种严重危害生态环境、威胁人体健康的新型污染物[49,50]。有关研究显示，30%～90%抗生素以排泄物形式进入环境，由于抗生素的持久存在和基因水平转移性，其危害很难从环境中消除，环境中抗生素污染现象日趋严重并受到普遍重视[51-53]。1981 年，Watts 等首次在水体中检测到微量抗生素，此后在各类环境介质中频繁检测到抗生素[54]。2022 年 5 月，国务院办公厅印发了《国务院办公厅关于印发新污染物治理行动方案的通知》(国办发〔2022〕15 号)，明确指出规范抗生素类药品使用管理[55]。残留在环境中的抗生素不仅对微生物、动植物及土壤生态存在一定的危害，还可以通过食物链进入人体，给人类健康带来潜在风险[56]。因此，解决抗生素的残留和污染问题已经迫在眉睫。

2. 环境中抗生素的来源

抗生素的空间分布及污染程度取决于抗生素的生产和使用。我国作为抗生素生产、使用大国之一，每年抗生素产量超 20 万 t[57-59]。环境中抗生素的来源见图 1-2。抗生素通过多种途径进入环境，包括人类废物处理产生的工业废水、畜禽养殖和水产养殖产生的废物、制药及医疗行业产生的废水和农业废水等[52]。统计结果显示，我国在 2013 年消耗了 9.27 万 t 抗生素(包括 36 种抗生素)，其中 48%由人类消耗，其余的由动物消耗[53]。人类排放的抗生素大部分来自医院和制药工业废水[58,59]。抗生素能够杀死或抑制微生物(细菌、古生菌、病毒、原生动物、微藻和真菌)生长，被大量用于治疗或预防人类和动物疾病[60]。联合国统计数据显示，各个国家抗生素滥用水平都远超预期，尤其是在中低收入国家，抗生素耐药性高达90%[53]。特别在发展中国家的一些欠发达地区和部分地方医院，仍存在抗生素的过度使用问题[59]。据估计，截至 2021 年，我国 75%的季节性流感患者仍在使用抗生素，而住院患者使用抗生素的比例达到 80%，远远高于世界卫生组织建议的最高水平[61]。

图 1-2 环境中抗生素的来源

抗生素除用于人类的医疗外，大部分用于禽畜养殖业[59]。据统计，2000~2015年，世界范围内的兽用抗生素消费量增加了 65%[61]。兽用抗生素、医用抗生素及制药企业抗生素生产的排污成为抗生素污染的三大主要来源，而兽用抗生素占总使用量的 52%以上，是环境中最主要的抗生素来源[61]。兽用抗生素可以保障动物健康、促进动物生长，缩短养殖周期，因此被广泛应用于水产养殖、畜禽养殖[62]。与人为源不同的是，截至 2020 年，禽畜废物在排放前没有具体的处理要求，动物粪便排入河流的行为缺乏处理标准与管控机制[53]。20 世纪 40 年代末，兽用抗生素就被添加进家畜饲料，以提高动物的生长速度和增大饲料的利用效率[63,64]。越来越多的科学证据表明，畜牧业中使用的抗生素可能会增加抗生素抗性基因的发展和丰富度，这些抗生素抗性基因将通过在土地上施用粪肥等废物处理过程转移到接收环境中[65-67]。尽管人们认识到这种做法会使动物产生耐药性，但抗生素作为生长促进剂的使用却逐年增加[68]。现代畜牧业往往拥有大数量、高密度的牧群，是传染病传播的最佳条件，抗生素常被用来降低这些疾病的发生风险[69]。畜禽养殖、水产养殖过程涉及的抗生素种类繁多，会随着饲养品种、养殖阶段的变化而发生改变。近几年，我国的养殖方式经历了从家庭散养向规模化、集约化、机械化养殖的迅速转变[63]，对抗生素的需求量也逐渐递增。与此同时，养殖过程中全面推进畜禽粪便还田利用，畜禽粪便中残留的大量抗生素被引入农田，经农作物吸收再通过食物链进入人体，威胁人类健康[64]。在水产养殖过程中，抗生素会跟随未消耗饲料颗粒的沉降而积聚，因此不仅水体受到污染，沉积物也难免遭受污染[64]。特别是氟喹诺酮类抗生素，其自身性质稳定，半衰期长，掺入沉积物中可能会增加抗生素在环境中的持久性，从而延长其不利影响时间[66]。因此，有效控制畜禽养殖及水产养殖过程中的抗生素残留对抗生素污染防治至关重要。

抗生素进入环境的一个重要途径是医用抗生素。尽管人们现在已经认识到抗生素的不良反应，但仍在使用。据统计，截至 2020 年，有 62.4%的患者接受了至少一种抗生素来辅助治疗[67,68]。此外，医生、患者和卫生体系等造成不恰当的抗生素使用也很常见[69-71]。研究表明，截至 2018 年，在越南有 71.0%的住院患者在入院前使用了抗生素，值得注意的是，这些患者大部分是儿童，他们的药物来源均是其父母[65,72]。2010 年之前，全世界范围内的抗生素药物疏于管理，抗生素类药物在药店可以直接购得，这使得实践中抗生素的控制出现困难[73]。2016 年，二十国集团(G20)领导人峰会后，抗生素滥用的现象逐渐进入公众视野。在二十国集团领导人峰会上，抗生素耐药性成为国际性的讨论议题，中国公布全面计划以应对抗生素耐药性，包括在 2020 年之前，实现凭处方才可获取抗生素的目标。2020 年，Chen等发现大量药品零售店仍存在抗生素作为无处方药销售的现象[74]。

制药企业等单位的排污是抗生素进入环境不容忽视的一个途径。制药企业的生产废水含有多种抗生素和其他污染物，土霉素、金霉素和磺胺类抗生素都是在制药过程中产生的典型污染物。已有研究表明，制药企业废水中检测到的土霉素浓度可能超过 19.5mg/L[75]。虽然经过废水处理后，抗生素的浓度有所下降，但在大多数出水样品中仍可检测到氟喹诺酮类抗生素。Duong 等曾在一家越南医院内的小型废水处理厂出水中检出诺氟沙星(norfloxacin，NOR)的浓度为 1.2～1.8μg/L[76]。

3. 抗生素的危害

频繁使用抗生素引起的细菌耐药性问题引起了公众的极大关注[73-76]，抗生素抗性基因被认为是新兴的环境污染物。在土壤或水等自然环境中，抗生素浓度从每公斤土壤几纳克到数百纳克不等，低浓度的抗生素及其代谢产物在水体中就能诱导产生抗性基因[77]。已发现抗性基因能够通过垂直转移和水平转移在细菌中传播，并从人和动物源传播到接收环境[75]。同时还会与其他污染物结合，对水生生物及人类产生潜在的毒性效应[78-80]。研究发现，环境中的抗生素还容易与重金属元素产生复合污染。Zhu 等指出，抗性基因的丰度与环境中抗生素、砷，以及铜等重金属浓度显著正相关，表明砷和铜等重金属与抗生素的复合污染可以增加环境中抗性基因的丰度[81]。Sanderson 等通过对 226 种抗生素的生态危害性研究发现，其中 16%的抗生素对大型溞为剧毒($EC_{50} < 0.1$mg/L，EC_{50} 为半数效应浓度)，20%对藻类高毒，50%以上对鱼类有毒($EC_{50} < 10$mg/L)[82]。瑞典曾用 Stockholm 模型评估药物残留在水环境中的危害，结果表明在 160 种药物中，几乎所有药物都不可生物降解，约 13 种具潜在生物富集性，约 23 种具高或非常高的生物毒性[83]。抗生素污染物在世界各地水环境中均有检出，由其产生的污染问题已逐渐凸显，其对人类和生态的影响也越加严重，如何应对抗生素污染的危害已成为全球性环境问题。

4. 抗生素的处理技术

水中抗生素的去除有几种常见的方法：常规水处理技术、生物处理法、化学氧化法、膜分离法、吸附法等。常规水处理技术与饮用水的健康直接相关，关于抗生素去除手段的研究主要集中在对现有污水处理工艺和饮用水净化工艺的改进或开发[84]。一般来说，城市给水处理并不是专门为抗生素去除而设计的，其常规工艺：混凝—沉淀—过滤—消毒过程很难有效地去除抗生素[85-87]。许多研究集中在开发用于污水处理厂去除抗生素的创新技术上，如高级氧化、混凝沉淀、薄膜法和吸附法(活性炭、黏土胶束复合体)等，这些处理明显增加了管理成本，因此并没有得到充分应用[88,89]。生物处理法中经常用到活性污泥技术，尤其是在处理工业废水的时候。这种系统主要由具有调节氧气含量的活性污泥反应器组成，其间要持续监测系统的温度和化学需氧量，这种技术能够应用于大量污水的处理[90]。但是这种技术在处理许多高毒性污染物的应用上受到污染物浓度的限制，高浓度高毒性污染物会导致微生物的死亡[91]。化学氧化法是指通过氧化剂本身与抗生素反应或产生羟基自由基等强氧化剂将抗生素转化降解，化学氧化法几乎可以降解处理所有的污染物。常用的氧化剂主要有 O_3、$KMnO_4$ 等[92]。高级氧化具有反应时间相对较短，对抗生素降解比较彻底的优点，但是大规模处理时，实际运行费用相对较高，所以适于与其他技术联用[93]。薄膜法被越来越多地应用于物质分离。Košutić 等对纳滤(nanofiltration, NF)膜和反渗透(reverse osmosis, RO)膜去除制药厂废水中的低量磺胺类喹诺酮类及四环素类抗生素进行了实验研究，在实验中发现，NF 膜/RO 膜对上述种类抗生素去除效果较好，去除率超过 98.5%[94]。但是，这项技术不能消除污染物，而是将其从液相环境中转移并浓缩在其他相中[95]。吸附法的优点是在去除污染物的同时不会产生有毒的代谢物[96]。最常用的吸附剂是活性炭颗粒[90]。活性炭作为一种多孔物质，孔隙多，比表面积大(占总表面积的 90%以上)，能够迅速吸附水中浓度较低且其他方法难以去除的物质和微量有机物，但活性炭存在成本高，不能再生利用的缺点[90]，并且只对小分子量有机物有较好的去除效果，活性炭孔的表面积将得不到充分利用[92]。因此，人们开始寻找一些廉价、吸附效果好的物质作为吸附剂，从而替代活性炭[90]。以上介绍的处理技术各有优点，但也存在一定的局限性，对环境中抗生素的治理问题还有待进一步的研究。

1.2.2　抗生素污染研究进展

1. 土壤环境中的抗生素

近年来，国内外学者从不同角度对环境中抗生素污染现状进行了广泛研究。抗生素在动物体内吸收率较低，导致禽畜粪便中残留的抗生素浓度一般很高，每千克可达到毫克水平，且检出的抗生素种类较广[77]。例如，在沈聪等的研究中，宁夏 12 家不同规模的养鸡场鸡粪里检测到土霉素、金霉素和恩诺沙星，检出量超过 10mg/kg[78]。Yu 等发现华北地区设施农业基地的堆肥样品中氟喹诺酮类抗生素的检出频率范围为 83%～100%[79]。不同国家、不同地区及不同养殖方式产生的畜禽粪便中检出的抗生素水平差异显著[80]。相关研究也表明，大多数抗生素在畜禽粪便和土壤中同时出现[81,82]，即抗生素在畜禽粪便和土壤中存在源汇关系[60,83]。因此，土壤成为抗生素在环境中的归宿地之一。

研究发现，美国、德国、意大利等多国采用畜禽粪便施肥的土壤中可检测到磺胺类、四环素类和氟喹诺酮类抗生素[84]。Le 等利用模拟降雨对美国弗吉尼亚州施肥样地抗生素的时空分布进行了研究，结果表明不同的施肥方式会对土壤造成不同程度的抗生素污染，尤其是 0～5cm 土层，且抗生素随着时间的推移持续存在[85]。Pan 等对华北平原包括山东、天津和河南等地的 23 个地区农业土壤样品中的抗生素进行了评估，发现 20 种抗生素(包括金霉素、土霉素等)的总质量浓度范围为 1.62～575μg/kg，最大值为 243μg/kg[86]。Wei 等发现我国中部地区有机蔬菜种植区土壤中氟喹诺酮类和大环内酯类抗生素的残留浓度是畜牧场内蔬菜种植地的 10~415 倍[83]。此外，根据 Gu 等对珠江三角洲的研究，5.3%的样品中四环素类抗生素浓度超过了 100μg/kg 的生态毒性效应触发值[87]。

2. 水环境中的抗生素

水体也是环境中抗生素的重要归属场所。抗生素进入水环境后，会对包括河流、湖泊、海洋等在内的地表水产生一定影响，严重妨碍水生生态系统的健康发展。研究显示，2013 年约 46%的抗生素直接通过污废水排放进入河流[88]。截止到 2023 年，世界上已经报道的地表水抗生素污染浓度从纳克每升到毫克每升不等。磺胺类、喹诺酮类和大环内酯类是地表水体中最常见的抗生素类型。Danner 等对全球 54 个国家溪流和河流地表水中抗生素浓度进行了分析，其中西班牙的抗生素污染水平是欧洲最高，达到 1.3μg/L，磺胺甲噁唑浓度甚至超过 10μg/L [89]。欧美等地区的发达国家抗生素使用量高，但地表水抗生素污染程度普遍低于亚太地区发展中国家[90]，这是因为亚太地区卫生设施和废水处理技术落后。Lv 等在黄河开封段地表水样品中共检出 15 种抗生素，其浓度范围为 12.2~249.9μg/L，且时空分布受沿河污水口、养殖区等污染源影响明显[91]。Yao 等在春、夏、冬三个季节对我国江汉平原地表水进行了采集，检测出的抗生素浓度范围为 0.108~3.750μg/L，其中红霉素浓度最高，会对水生环境中的鱼类构成风险[92]。

随着时间的推移，进入土壤的抗生素会不断下渗到地下水中，对地下水造成潜在的危害，甚至威胁饮水安全[93]。Gray 等在美国皮埃蒙特地区地下水中检测到抗生素的浓度范围为 0~1.74μg/L[49]。Dinh 等的研究指出，法国农村地下水中抗生素的浓度高达 12850ng/L[95]。Lee 等在韩国非农村地区地下水中发现 2 种抗生素，而在农村地区地下水中检测出 7 种抗生素，其中磺胺噻唑和磺胺甲噁唑吸附亲和力较弱，所以检出量最高[96]。在一些发展中国家，饮用水短缺和水资源管理等问题使得抗生素地下水污染问题更加严峻[97]。Wang 等在石家庄一处饮用井水样中检测到环丙沙星[98]。Ma 等研究发现，在北京、西安、南京等 15 个城市的典型地下水补给点中，诺氟沙星浓度达到 502.5ng/L，检出率高达 100%[99]。虽然已有研究中报道的水体中抗生素浓度尚不足以对人类健康构成风险，但这并不意味着水环境中的抗生素对人体没有影响，地下水中的抗生素不仅可能导致耐药细菌的产生，还可能导致畸形和遗传毒性[56]。

1.2.3 抗生素的环境行为研究进展

1. 抗生素在包气带中的迁移行为

包气带是陆地表面以下和潜水表面以上的非饱和区域，是抗生素进入地下水的重要途径[93,100]。抗生素进入包气带土壤中会发生一定的迁移行为，包气带中抗生素的迁移是控制地下水中抗生素命运和生物利用率的必要过程[56]，其中作用最明显的是：①包气带介质对抗生素的吸附；②包气带中的水动力弥散作用。因此，深入探究抗生素在包气带中的迁移行为具有重要意义。

吸附能够让抗生素在包气带含水介质中留存，对抗生素有很强的截留作用，抗生素在土壤中的吸附行为主要依赖于其自身理化性质(如疏水性、极性和空间结构)[101]。由于抗生素分子结构和官能团不同，抗生素在土壤中可能表现出不同的吸附行为[102]。氟喹诺酮类和四环素类在土壤中具有很强的吸附能力，这主要归因于其具有强极性和多离子基团(如—COOH， —$\overset{\text{O}}{\underset{\|}{\text{C}}}$—， —CONH$_2$， —N(CH$_3$)$_2$ 和 —OH)[103-105]。Wang 等研究发现环丙沙星可以通过—COOH 和阳离子之间的桥接作用强烈地吸附在土壤表面的吸附位点上[106]。根据 Gu 等的研究，四环素分子存在许多极性官能团，这些官能团能够通过氢键与土壤的极性部分相互作用，从而使得四环素吸附在土壤上[87]。土壤的质地、pH、共存离子等也会影响抗生素的吸附行为，如四环素在黏土中的吸附容量(4602μg/kg)更高，明显高于砂土(157μg/kg)[107]。

吸附是影响抗生素迁移转化最重要的过程，一般采用室内砂柱实验研究污染物的迁移机理。Han 等利用垂直砂柱进行不同浓度氟喹诺酮类抗生素的入渗迁移模拟，结果表明氧氟沙星和环丙沙星不同的吸附能力导致其不同的迁移效应[108]。胡双庆等运用砂柱研究了磺胺嘧啶和磺胺甲噁唑这两种抗生素在表土中不同条件下的淋溶行为，揭示了磺胺嘧啶在砂柱中迁移过程中的转化[109]。事实上，截止到2023年，国内外已经研究了许多污染物在包气带的迁移模拟，如重金属[110]、氨氮[111,112]和无机离子[113]等，但是关于抗生素迁移行为的研究仍然相对较少。因此，阐明抗生素在包气带中的迁移行为和机理对保护地下水具有重要意义。

2. DOM 对抗生素迁移行为的影响

DOM 是环境中天然络合剂及吸附载体，含大量官能团，表面电荷可变，结构延展，可通过与包气带中的有机污染物发生离子交换、吸附、络合、氧化还原等系列反应，进而影响有机污染物在包气带中的形态、迁移转化和归宿[113-115]。近年来，越来越多的学者开始探究 DOM 与抗生素环境行为之间的关系。Thiele-Bruhn 等对磺胺类抗生素在不同土壤上的吸附特性进行研究，发现磺胺类抗生素的吸附呈现明显的非线性，且土壤中的有机质对磺胺类抗生素的吸附具有重要影响[114]。鲍艳宇等采用批量平衡方法研究了土霉素在原土及去除有机质土壤中的吸附-脱附行为，研究表明有机质含量是土壤吸附土霉素的重要影响因素[113]。吕宝玲等研究了不同 pH 条件下 DOM 对罗红霉素光降解的影响，结果表明不同 DOM 共存时罗红霉素的光降解反应速率常数高于纯水，说明 DOM 促进了罗红霉素的光降解，且罗红霉素的光降解反应速率都表现出随 pH 增加而增加的趋势[115]。相关研究表明，DOM 对抗生素迁移转化的表观影响具有两面性：一方面 DOM 与抗生素可以通过相互结合形成复合体后共吸附于含水介质表面[100]；或 DOM 首先吸附于含水介质后发生累积吸附，促进抗生素在含水介质上的吸附，从而降低抗生素迁移性[116]。另一方面，DOM 可能与抗生素争夺含水介质表面的吸附位点，通过吸附竞争机制降低对抗生素的吸附量并促进其向液相脱附，从而加强抗生素迁移性[117-119]。另外，Kulshresth 等提出 DOM 影响抗生素迁移转化的两重性与 DOM 的浓度有关，即低浓度 DOM 促进抗生素的吸附，而高浓度 DOM 促进抗生素的迁移[120]。近年来，我国集约化养殖的发展在带来效益的同时也带来大量畜禽粪便的排放，这些畜禽粪便会作为有机肥和堆肥投入农业生产，其中大量外源性 DOM 势必会影响环境中抗生素的行为[80]。DOM 可占土壤总有机质的 97.1%，研究 DOM 对抗生素环境行为的影响不仅能更好地了解抗生素随地下水下渗过程中的吸附迁移机理，也将为抗生素治理提供新的思路与方法。

简而言之，抗生素的迁移转化行为可能被 DOM 增强或抑制，这取决于包气带含水介质的质地和性质、污染物的类型、DOM 的来源和类型[120-122]。Bai 等的研究表明，来自浮游植物和大型植物的蛋白质类 DOM 有利于磺胺甲噁唑的吸附，降低其迁移性[123]。然而，Wang 等观察到来源于鸡粪的蛋白质类 DOM 抑制了土霉素的吸附，而来源于腐败植物的腐殖质类 DOM 促进了吸附[124]。黎明等探究了从川西平原还田秸秆中提取的 DOM 对多种矿物颗粒上磺胺甲噁唑吸附的影响，结果表明体系中加入 DOM 后蒙脱石的吸附量变化最大，可提升 28.94μg/g，结合红外光谱分析认为是蒙脱石溶出的 Al^{3+} 与 DOM 结合使得吸附位点增加[125]。虽然许多研究关注 DOM 对四环素类和磺胺类抗生素迁移行为的影响，但只有少数研究关注其对氟喹诺酮类药物迁移的影响。罗芳林等发现粪源 DOM 对 NOR 在紫色土中的迁移影响并不显著[126]。但也有相关研究表明，DOM 可能促进 NOR 的迁移，使其更容易进入地下水。例如，Zhang 等研究发现，包括柠檬酸、苹果酸和水杨酸在内的三种 DOM 都抑制了 NOR 的吸附过程，从而促进其迁移[127]。因此，基于这些发现，有必要探究不同来源的 DOM 对氟喹诺酮类抗生素迁移行为的影响。

3. Hydrus-1D 软件数值模拟

经过数十年的不断完善，美国国家盐度实验室(US Salinity Laboratory)开发的 Hydrus-1D 软件已经发展成为一款成熟的土壤物理环境模拟工具，主要包括一维饱和与非饱和多孔介质中水分、热、单组分溶质和多组分溶质运移等过程的数值模拟研究模块，在水文地质学、环境学等多领域得到了广泛应用[127,128]。该软件的核心理论是用 Richards 方程描述水流运动过程，使用对流-弥散方程(convectiondispersion cquation，CDE)描述溶质运移过程，利用方程组循环求解，最终通过有限次迭代将离散化后的非线性控制方程组线性化，可反演得到水流、溶质运移的相关参数[129-131]。为了揭示研究现状，本书针对科学网络数据库(Web of Science Database)近几年的文献提取关键词"Hydrus-1D"，共检索了516篇相关文献。借助可视化工具VOSviewer对关键词进行了聚类分析，如图1-3所示。

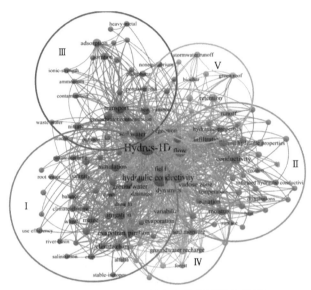

图1-3 Hydrus-1D研究中的关键词聚类图

hydraulic conductivity-水力传导率；nitrate-硝酸盐；leaching-浸取；root water-根系水；salinity-盐度；simulation-模拟；depth-深度；balance-平衡；drought-干旱；climate-change-气候变化；irrigation-灌溉；wheat-小麦；maize-玉米；evapotranspiration-蒸散；use efficiency-利用率；river-basin-流域；salinization-盐渍化；crop-作物；alfalfa-紫花苜蓿；stable-isotopes-稳定同位素；hydraulic-properties-水力特性；infiltration-渗滤/入渗；soil hydraulic-properties-土壤水力特性；conductivity-导电性；erosion-冲蚀/磨蚀；saturated hydraulic conductivity-饱和渗透系数；distributions-分布；flow-流动；field-场；equation-方程；moisture-水分；soil moisture-土壤湿度/土壤水；surface-表面；heat-热；ground water-地下水；drainage patterns-排水系统；nitrate-硝酸盐；waste water-废水；contamination-污染；ammonium-铵；ionic-strength-离子强度；adsorption-吸附；sorption-附着；nonequilibrium-非均衡；phosphorus-磷；porous-media-多孔介质；flow in porous media-渗流；transport-迁移；groundwater contamination-地下水污染；water-水；drainage-排水；dynamics-动力学；vadose zone-包气带；variability-变异性；evaporation-蒸发；temperature-温度；groundwater recharge-地下水补给/地下水回灌；forest-森林；stormwater runoff-雨水径流；green roof-屋顶绿化；biochar-生物炭；retention-截留；runoff-径流；vegetation-植被；soil-土壤；heavy metal-重金属

根据发文关键词的数量及相关性，可将全球的研究分为5个群组。研究热点分别为Ⅰ群组的"水力传导率""蒸散"等，Ⅱ群组的"导电性""流动"等，Ⅲ群组的"水""迁移"等，Ⅳ群组的"动力学""包气带"等，Ⅴ群组的"土壤""截留"等。其中，出现次数最多的关键词是"水力传导率"，出现了129次，其次是"水""蒸散"等与水分运移有关的词汇，说明Hydrus-1D软件相关文献中大量涉及水分运移模型，这也符合水流作为热、溶质运移的传输介质这一实际情况。其次，出现次数较多的是"迁移""土壤"等。在溶质运移方面，主要涉及"盐度""硝酸盐"，说明目前该软件在盐分、氮素迁移转化过程中应用较多。此外，"重金属"出现 6 次。综上所述，在抗生素迁移研究方向，Hydrus-1D 软件的应用仍较为欠缺。

如前文所述，在溶质运移方面，Hydrus-1D 软件能够有效地模拟水盐、氨氮、重金属的运移。Wang 等利用 Hydrus-1D 软件和可模拟作物生长与产量的农作物生长模型模块耦合评估土壤水盐条件对粮食产量和盐分积累的长期影响[132]。Hou 等使用砂柱实验和建模模拟研究了 NH_4^+ 在农业土壤 60cm 土层中的迁移情况，发现双点位模型可以较好地模拟其迁移转化[133]。万朔阳等运用 Hydrus-1D 软件对四川地区农田土壤建立了 Cd、Cu、Zn、Cr 四种重金属离子的非饱和带一维水流溶质运移模型，模型拟合度均在 0.932 以上[134]。

此外，Hydrus-1D 还可以模拟有机物在土壤中的运移行为。李晓宇等利用 Hydrus-1D 软件模拟了阿特拉津在饱和壤质砂柱中的迁移过程，调参后模型拟合的相关系数大于 0.900[135]。Hydrus-1D 软件关于抗生素的迁移模拟多在室内砂柱实验的基础上展开。例如，Unold 等利用砂柱实验和软件模型分析研究了磺胺嘧啶在黏土和砂土中的迁移行为，磺胺嘧啶表现出较高的浸出潜力，且流出液中检出多种磺胺嘧啶的降解产物[136]。张步迪等以室内原状土实验为基础，利用 Hydrus-1D 软件模拟磺胺嘧啶在土壤中的迁移行为并反演运移参数[137]。

表 1-1 为 2017～2022 年国内外涉及抗生素迁移模拟的统计结果，可知运用 Hydrus-1D 软件抗生素迁移模拟性能评价较高。在多数研究中，土壤水力参数和土壤溶质运移参数取值多为实验实测结果与模型反演相结合确定，但也有部分直接使用软件内置的神经网络模块进行取值。部分研究中未能明确指出参数的确定方式和最终取值，或者是缺失模型的模拟性能评价，使得软件模拟结果的可靠性大大降低[128]。目前，关于抗生素迁移行为的研究大多数针对磺胺类抗生素，氟喹诺酮类抗生素研究中 Hydrus-1D 软件的应用仍需进一步加强。

表 1-1 2017～2022 年国内外涉及抗生素迁移模拟的统计结果

模拟污染物	研究类型	土壤类型	模拟深度/cm	参数确定	模拟性能评价	参考文献
磺胺甲噁唑	土柱实验	混合表土	10	N/A	$R^2 > 0.8000$	[137]
磺胺嘧啶	土柱实验	石英砂	20	模型反演	$R^2 > 0.9700$	[138]
磺胺甲噁唑	土柱实验(CRI 系统)	河沙	132	实验实测+模型反演	$R^2 > 0.9900$	[139]
磺胺嘧啶	土柱实验	N/A	17	实验实测+模型反演	R^2: 0.8810～0.9910, RMSE: 0.0180～0.0900	[140]

续表

模拟污染物	研究类型	土壤类型	模拟深度/cm	参数确定	模拟性能评价	参考文献
磺胺嘧啶	土柱实验	原状土	30	实验实测+模型反演	$R^2 > 0.9740$	[136]
磺胺嘧啶	现场实验	N/A	20	参考文献	RMSE = 0.0419，NSE = 0.8740	[141]
土霉素	土柱实验	砂质壤土	10	模型反演	$R^2 > 0.9600$	[101]
金霉素	土柱实验	石英砂	12	实验实测+模型反演	N/A	[142]
罗红霉素	土柱实验	砂土	60	实验实测+模型反演	$R^2 = 0.7789$	[143]
左氧氟沙星	土柱实验	黏土	100	软件内置参数	N/A	[144]
左氧氟沙星	土柱实验	粉质黏土	20	实验实测+软件内置参数	N/A	[145]

注：RMSE 表示均方根误差；CRI 表示人工土床快渗系统；NSE 表示纳什效率系数；N/A 表示不适用或无对应类型。

4. 再生水入渗下微塑料对抗生素的吸附行为

MPs 的物理和光降解作用都很弱，可在环境中存在数百年至几千年，在土壤或沉积物中会持续富集，因其稳定的物理化学性质，甚至可以随洋流和风力作用迁移至北极地区。城市和偏远山区的大气中都检测到了 MPs，大气运输是 MPs 到达海洋表面及偏远地区的重要途径。然而，环境中的 MPs 可能仍然有很大比例未被检出，或者在取样时已经碎裂成纳米级(0～100nm)MPs，导致抽样时被遗漏。ATs 残留引发的环境问题受到普遍关注。有关研究表明，2000～2015 年，全球抗生素使用量增加了约65%，预计到2030 年全球 ATs 使用量会比2015 年高出200%。ATs 仅有少部分可被生物体吸收，30%～90%以原形态或代谢产物的形式排放到环境中，给生态环境带来一定的安全隐患。ATs 在水体、土壤和沉积物等环境介质中普遍被检测出。吸附是 ATs 在环境中迁移转化的关键过程，已有大量文献报道了沉积物、矿物质、有机物等对 ATs 吸附行为及机制的影响，有研究发现 MPs 也可吸附 ATs。Li 等研究了淡水和海水体系中 5 种 ATs 在 5 种 MPs 上的吸附行为，认为水环境中常见的聚酰胺(PA)可以作为 ATs 的载体[15]。Zhang 等通过研究风化聚苯乙烯(PS)对土霉素(oxytetracycline，OTC)的吸附机制，指出风化 PS 可能作为 ATs 在环境中的载体。MPs 作为一种重要的载体，影响着 ATs 在环境中的转移及去除，迫切需要探索 MPs 对 ATs 的吸附作用[36]。

暴露在环境中的 MPs 会因太阳光照射、风浪侵蚀、机械磨损、生物降解等作用发生老化。MPs 中的不饱和结构因紫外光作用形成自由基，发生一系列氧的加成和氢的提取反应，最终导致聚合物链断裂。紫外光照射下，MPs 表面易发生氧化，其内部紫外光逐渐减弱，导致 MPs 表面产生裂纹，甚至裂解出粒径为 30～60μm 的颗粒，包括纳米塑料。风浪、砂砾等引起的机械力也会使 MPs 产生裂纹。

这都会增加 MPs 的比表面积。老化使 MPs 表面引入了—OH、—$\overset{\text{O}}{\overset{\|}{\text{C}}}$—、C—O—C 等含氧官能团，老化 MPs 的红外光谱检测到 3400cm^{-1}、1700cm^{-1} 或 1000cm^{-1} 处的特征峰，或者峰值明显增加。氧碳原子比(O/C)的增加也证实了含氧官能团的产生。含氧官能团一定程度上会提高 MPs 的极性和亲水性，增加其表面负电荷。聚乳酸 MPs 在紫外光照射 72h 后，Zeta 电位(pH = 7)由 -7.79mV 降到 -13.51mV。比表面积、亲水性和含氧官能团的增加，为 MPs 吸附 ATs 提供有利条件，但哪种作用机制起主导作用尚不得知。

1.3　本书主要内容及研究区概况

1. 研究目标

(1) 识别水力条件变化对抗生素行为特征的影响，揭示组分复杂的再生水回灌过程中抗生素的行为特征；

(2) 探明再生水回灌过程中 ATs 在含水介质(腐殖质聚积层、淀积层、砾石层)中的作用关系，分析含水介质界面 ATs 的下渗机制。

2. 研究内容

本书以再生水中常被检出且有代表性的土霉素和诺氟沙星两种 ATs 作为目标污染物，研究水力条件变化对 ATs 吸附的作用关系及贡献，分析复合体系中不同 ATs 的作用类型及 pK_a 对其的影响，探索矿物、DOM 吸附 ATs 的作用机制，采用同步辐射(SR)光源的 FTIR 结合 μ-XRF 获得 ATs、DOM、矿物空间分布的直观证据。重点开展以下三方面的研究工作：

1) 再生水入渗过程中含水层有效孔隙度和 K_w 的变化规律

①再生水入渗过程中含水层结构(孔隙的大小、形状、数量等)的变化规律。②再生水入渗过程中含水介质(粉砂、细砂、中砂)渗透性的变化规律。③典型含水介质 K_w 随有效孔隙度变化的规律。

2) 再生水入渗过程中 ATs 在含水介质上的吸附机制

①ATs 的沉积释放和迁移规律。研究 ATs 在含水介质中的吸附行为，查明再生水入渗对 ATs 迁移的影响。②回灌水质变化下 ATs 的沉积释放和迁移规律。研究 pH、离子强度等变化对 ATs 在含水介质中吸附-脱附的影响，查明 ATs 迁移的

外在化学驱动力。③ATs 迁移过程中的协同或竞争效应。对比 ATs 的吸附容量、吸附强度及吸附曲线等的变化或偏离程度,探讨 ATs 在入渗过程中的吸附机制。

3) 再生水入渗过程中 ATs 的迁移机理

①含水介质中典型矿物与 ATs 的作用关系。对比研究 ATs 在典型矿物上的吸附-脱附特征(吸附等温线、化学计量曲线、吸附-脱附动力学),分析矿物表面不同官能团对 ATs 吸附-脱附特征的影响,探究矿物表面 pH_{PZC}、ATs 的 pK_a 变化与吸附-脱附的关系。②含水介质中有机组分与 ATs 的作用关系。选择不同结构性质的 DOM,考察不同结构、浓度的 DOM 与 ATs 的作用关系,探讨 ATs-DOM 的作用机制,获得 DOM 的理化性质与 ATs 迁移之间的定量关系。③MPs 与 ATs 的作用机制研究。基于静态吸附-脱附实验研究 MPs 对 ATs 的吸附行为,结合各自的理化性质及吸附前后微观表征结果,分析 MPs 对 ATs 的作用机制。结合批量实验和微观表征技术,分析不同老化 MPs 对 ATs 的作用规律,阐明不同类型老化 MPs 对 ATs 的滞留行为机制。

3. 研究区概况

砂土样品采集区域确定为陕西渭河再生水河流影响区,在西安市西郊北石桥污水处理厂出水通过明渠排入渭河(108°50′8.65″E,34°22′5.92″N),该处开挖的剖面完整、清晰,野外调查发现,剖面共 10 层,包括耕作层、黏土层、粉砂层、细砂层、中砂层、砾石层等,剖面深度 4.3m,如图 1-4 所示。采样点由上及下,按

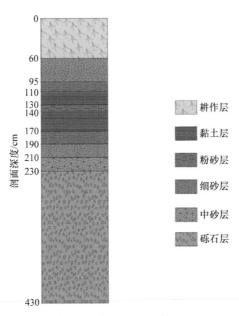

图 1-4　采样剖面示意图

照自然分层，对剖面上不同岩性的含水介质进行采集，按其用途分别冷藏保存或自然风干后备用。此外，文献资料和调研发现，渭河河床含水介质主要以硬质晶形矿物(石英、长石、云母)、黏土矿物(高岭石、蒙脱石)和少量暗色矿物为主。将杂草沙砾等挑拣出来后，把样品放在实验室平铺自然晾干。待样品风干后用四分法分拣过筛，筛选出中砂(粒径 0.25～0.35mm)、细砂(粒径 0.15～0.25mm)、粉砂(粒径 0.075～0.15mm)三种粒径的砂土作为实验样品。

第2章　抗生素环境行为研究方法

2.1　环境样品的采集、制备及测定方法

1. 环境样品的采集方法

本书的实验部分涉及大量砂土样品，采集于陕西省西安市渭河边(108°50′8.65″E，34°22′5.92″N)，样品被运回实验室后，挑拣杂草石砾，自然风干。筛分后，发现该研究区包气带细砂(粒径0.15~0.25mm)占比最大(41%)，中砂(粒径0.25~0.35mm)次之(占比40%)，粉砂(粒径0.075~0.15mm)和粗砂(粒径>0.35mm)较少，分别占10%和9%，由于粉砂渗流过程中入渗速度较慢，因此本书筛选了细砂、中砂、粗砂这三种含水介质作为实验样品。在采样点附近树林中收集落叶，从当地的一个农场收集牛粪(不含抗生素)，为后续提取DOM做准备。

2. DOM提取制备方法

将一定数量的落叶和牛粪干燥研磨，分别按20∶1和10∶1的液固比添加超纯水混合，以150r/min在298K振荡12h。然后，离心(4000r/min，5min)后使用真空抽滤装置过滤(0.45μm尼龙滤膜)，将所有的滤液保存于4℃，避光。从落叶和牛粪中回收的滤液分别记为LDOM和MDOM。HDOM为购买的市售腐殖酸溶解于超纯水中配制而成的溶液。

3. 抗生素的定量测定方法

抗生素浓度采用超高效液相色谱仪测定，配备紫外检测器(278nm)和C18柱(3.5μm，150mm×4.6mm)。用于NOR洗脱的流动相(0.3mL/min)是乙腈和含0.1%甲酸的超纯水，体积比为15∶85。注射体积为20μL，柱温设置为25℃。OTC的超高效液相色谱仪上机条件：测定波长为355nm，流动相浓度为0.01mol/L，草酸溶液与乙腈溶液体积比为7∶3，流速为1mL/min，温度为25℃，进样量为20μL；DOM浓度由总有机碳分析仪测量。

4. 阳离子交换容量的测定方法

利用氯化钡-硫酸法测定砂土的阳离子交换容量(CEC)，该方法同样适用于实验中的其他矿物，如海泡石、埃洛石等，具体操作如下：

(1) 取两支 50.0mL 离心管，分别加入 1.0g 砂土样品，称重。

(2) 向各管加入 0.5mol/L BaCl$_2$ 溶液 20mL，搅拌 4min，离心(3000r/min，5min)，弃去上清液。

(3) 再加入 20.0mL BaCl$_2$ 溶液，重复以上操作。

(4) 加 25.0mL 蒸馏水于离心管中，搅拌离心一次，倾倒上清液，称重。

(5) 准确加入 20.0mL 0.1mol/L H$_2$SO$_4$，搅拌 10min，放置 20min 后离心。

(6) 准确吸取 10.0mL 清液放入锥形瓶中，加酚酞溶液 1～2 滴，用标准 NaOH 溶液滴定。同时用标准 NaOH 滴定 1 份 10.0mL H$_2$SO$_4$ 溶液，溶液转为红色并数分钟不褪色为终点。

(7) 2 份滴定结果之差，即可计算交换量。

用式(2-1)来计算 CEC(mol/100g)。

$$CEC = \frac{14NV_1 - (14+L)NV_2}{10m} \times 100 \tag{2-1}$$

式中，N 为 NaOH 浓度，mol/L；V_1 为未经交换的 NaOH 溶液体积，mL；V_2 为交换的 NaOH 溶液体积，mL；m 为土样质量，g；L 为湿土与干土的质量差，g。

5. 有机碳含量的测定方法

本小节涉及的 DOM 及后续实验涉及的 NOR 均是有机物，含有大量 C 元素，所以引入体系并吸附于细砂表面后，细砂有机碳含量会发生改变。因此，对原生细砂的有机碳含量进行测定。细砂样品加酸，再用去离子水漂洗至中性，在真空干燥箱中干燥数小时。采用总有机碳(total organic carbon，TOC)分析仪固体模式测定原生细砂的有机碳含量，同时进行三次重复测定。

6. 矿物的有机改性

1) 海泡石的有机改性

本书采用阳离子表面活性剂十六烷基三甲基溴化铵(hexadecyl trimethyl ammonium bromide，CTAB)和阴离子表面活性剂十二烷基苯磺酸钠(sodium dodecyl benzene sulfonate，SDBS)制备三类有机海泡石，分别为单阳离子海泡石，单阴离子海泡石和阴-阳离子海泡石。具体制备方法如下：

①单阳离子海泡石。用分析天平准确称取一定量的 CTAB，加入装有适量蒸馏水的烧杯中使其完全溶解。加入已提纯、干燥且过 100 目筛的原生海泡石，超声分散 20min 后在 40℃的条件下置于磁力搅拌器中恒温搅拌 4h，继而静止陈化 24h。待海泡石与季铵盐阳离子交换反应后，以 4000r/min 的转速离心 10min 进行固液分离，弃去上层清液然后用去离子水清洗，重复以上操作数次以去除残留的有机改性剂。所得材料在 65℃的烘箱烘干，然后于 110℃条件下活化 1h，研磨过

100 目筛，即制得一系列配比的单阳离子海泡石。加入的 CTAB 量为 0.5 倍、1.0 倍、1.5 倍、2.0 倍、2.5 倍、3.0 倍原生海泡石的 CEC，分别记为 50CTAB、100CTAB、150CTAB、200CTAB、250CTAB 和 300CTAB。②单阴离子海泡石。将上述的阳离子改性剂 CTAB 换为阴离子改性剂，即 SDBS，其余操作均相同。制备得到 50SDBS、100SDBS 和 150SDBS 三种单阴离子海泡石。③阴-阳离子海泡石。将 CTAB 和 SDBS 两种离子改性剂同时加入溶液中，其中 SDBS 加入量控制为 0.3 倍原生海泡石的 CEC 恒定不变，不断增加 CTAB 的加入量，其余操作均相同，制备得到 50CTAB/30SDBS、100CTAB/30SDBS、150CTAB/30SDBS、200CTAB/30SDBS、250CTAB/30SDBS 和 300CTAB/30SDBS 共 6 种阴-阳离子海泡石。

2) 埃洛石的有机改性

采用阳离子表面活性剂 CTAB 和阴离子表面活性剂 SDBS 制备有机埃洛石(C-S-HNTs)。具体制备方法如下：

用分析天平准确称取一定量的 CTAB 和 SDBS，待其在装有适量蒸馏水的烧杯中溶解后，加入已提纯、干燥且过 200 目筛的原生埃洛石，采用磁力搅拌器于 25℃的条件下恒温搅拌 24h。待埃洛石与表面活性剂交换反应后，以 2500r/min 的转速离心 10min 固液分离，弃去上层溶液后用去离子水清洗，重复 7 次以上操作以去除残留的有机改性剂。所得材料在 65℃的烘箱烘干，然后于 110℃的条件下活化 1h，研磨过 200 目筛，即制得 C-S-HNTs。

2.2　抗生素吸附行为研究方法

本书中的吸附实验在经济合作与发展组织(Organization for Economic Cooperation and Development，OECD)批量吸附实验方法的基础上进行了轻微的改动。吸附实验和环境因素影响实验以 NOR 为例进行阐述，也适用于 OTC 和磺胺甲噁唑(SMZ)。

1. 吸附动力学方法

准确配制 20.0mg/L 的 NOR 溶液，稀释 DOM 溶液浓度为 5.0mg/L TOC、10.0mg/L TOC 和 40.0mg/L TOC。

NOR 的吸附动力学实验：在离心管中称取 0.2g 砂土，加入 2.5mL NOR 溶液(20.0mg/L)，然后分别加入 2.5mL 超纯水。当溶液混合时，NOR 浓度为 10.0mg/L。将离心管放在恒温水浴振荡器中振荡(温度为 298K、转速为 140r/min)，分别在 0.5h、1h、3h、6h、12h、16h、20h、24h、36h 和 48h 取样，离心(4000r/min、5min)后收集的上清液经 0.22μm 滤膜过滤，用超高效液相色谱法(UPLC)测量 NOR 浓度。每组设置三个平行样和一个不加砂土的空白样。

DOM 的吸附动力学实验：在离心管中称取 0.2g 砂土，加入 5.0mL DOM 溶液(10.0mg/L TOC)，然后放在恒温水浴振荡器中振荡(温度为 298K、转速为 140r/min)，分别在 0.5h、1h、3h、6h、12h、16h、20h、24h、36h 和 48h 取样，离心(4000r/min、5min)后收集的上清液经 0.45μm 滤膜过滤，用 TOC 分析仪测量 DOM 浓度。每组设置三个平行样和一个不加砂土的空白样。

DOM 影响下 NOR 的吸附动力学实验：在离心管中称取 0.2g 细砂，加入 2.5mL NOR 溶液(20.0mg/L)，然后分别加入 2.5mL 以下溶液：20.0mg/L TOC 的 HDOM、LDOM 和 MDOM 溶液。当溶液混合时，离心管中 DOM 浓度为 10.0mg/L TOC，初始 NOR 浓度为 10.0mg/L。将离心管放在恒温水浴振荡器中振荡(温度为 298K、转速为 140r/min)，分别在 0.5h、1h、3h、6h、12h、16h、20h、24h、36h 和 48h 取样，离心(4000r/min、5min)后收集的上清液经 0.22μm 滤膜过滤，用 UPLC 测量 NOR 浓度。在 DOM 浓度为 5.0mg/L 和 40.0mg/L 时分别进行吸附动力学实验，其他条件与上述条件相同。每组设置三个平行样和一个不加细砂的空白样。

2. 等温吸附方法

准确配制 80.0mg/L 的 NOR 原液储备液，稀释 DOM 溶液浓度为 50.0mg/L TOC。

NOR 的等温吸附实验：在离心管中称取 0.2g 砂土，加入一定量 80.0mg/L 的 NOR 溶液，并用超纯水进行稀释，定容至 5.0mL，形成 NOR 浓度范围为 1.0～40.0mg/L 的系列样品。将上述配制好的样品放入恒温水浴振荡器中振荡(温度为 298K、转速为 140r/min)24h(吸附动力学实验表明 24h 足以达到吸附平衡)，然后采用与吸附动力学实验相同的步骤进行离心、过滤及 UPLC 分析。每组设置三个平行样和一个不加砂土的空白样。

DOM 的等温吸附实验：在离心管中称取 0.2g 细砂，再加入一定量 50.0mg/L TOC 的 DOM 溶液，并用超纯水进行稀释并定容至 5.0mL，形成 DOM 浓度范围为 5.0～50.0mg/L TOC 的系列样品。将上述配制好的样品放入溶液在恒温水浴振荡器中振荡(温度为 298K、转速为 140r/min)24h(吸附动力学实验表明 24h 足以达到吸附平衡)，然后采用与吸附动力学实验相同的步骤离心、过滤及 TOC 分析仪测定。每组设置三个平行样和一个不加细砂的空白样。

DOM 影响下 NOR 的等温吸附实验：在离心管中称取 0.2g 细砂，加入 2.5mL TOC 的 DOM 溶液，加入一定量 80.0mg/L 的 NOR 溶液，并用超纯水稀释定容至 5.0mL，形成 NOR 浓度范围为 1.0～40.0mg/L 的系列样品。将上述配制好的样品放入溶液在恒温水浴振荡器中振荡(温度为 298K、转速为 140r/min)24h，然后采用与吸附动力学实验相同的步骤进行离心、过滤及 UPLC 分析。每组设置三个平行样和一个不加细砂的空白样。

3. 吸附热力学方法

步骤与等温吸附实验一致,温度设置为 308K 和 318K,每组设置三个平行样和一个不加砂土的空白样,建立系列等温吸附模型,计算吸附热力学参数。

4. 环境影响因子分析

将 NOR 溶液(20.0mg/L)和 DOM 溶液(20.0mg/L TOC)以体积比 1∶1 混合成混合溶液。

pH 影响实验:用 0.1mol/L 的 HCl 溶液或 NaOH 溶液将混合溶液 pH 调节到2.0~12.0。然后将 5mL 混合溶液分别加入置有 0.2g 砂土的离心管中。将上述配制好的样品放入恒温水浴振荡器中振荡(温度为 298K、转速为 140r/min)24h,然后采用与上述实验相同的步骤进行离心、过滤及 UPLC 分析。每组设置三个平行样和一个不加砂土的空白样。

离子强度的影响:用 NaCl 溶液将混合溶液调至不同的离子强度(0.2mmol/L、0.4mmol/L、0.8mmol/L、1.6mmol/L、3.2mmol/L、6.4mmol/L、12.8mmol/L)。然后将5mL 混合溶液分别加入置有 0.2g 砂土的离心管中。将上述配制好的样品放入恒温水浴振荡器中振荡(温度为 298K、转速为 140r/min)24h,采用与上述实验相同的步骤进行离心、过滤及 UPLC 分析。每组设置三个平行样和一个不加砂土的空白样。

2.3　表　征　方　法

1. 表面形貌、电荷、元素的表征方法

本书表征方法以砂土为例进行阐述,也适用于含水介质、矿物等的表征。

1) 表面形貌

通过扫描电子显微镜(SEM)观察吸附前后砂土的表面微观形貌。取少量砂土样品,粘在样品台的导电胶上,上机。在高真空条件下,调节加速电压为 15kV,分别放大 2000 倍进行观察。

2) 表面电荷性质

不同 pH 和离子强度影响下砂土表面电位可能会发生变化,从而影响其对NOR 的吸附作用。本书运用 Zeta 电位仪测量砂土表面 Zeta 电位(mV),进行三次重复测定。

3) 表面元素

采用 X 射线光电子能谱仪(XPS)、以单色 AlKα 靶为 X 射线激发源对吸附前后砂土样品进行全谱扫描,并对 C、O、N、Si 元素进行高分辨谱扫描。利用 CasaXPS

软件对 XPS 谱图进行分析,以 C1s 284.5eV 为标准进行校准。

2. 比表面积及孔结构的表征方法

采用 ASAP 2020 型全自动比表面积及微孔孔隙仪测定含水介质的比表面积。上机分析前需对样品进行预处理:将材料放置在真空干燥箱中,110℃下烘干 2h,待样品冷却至室温,放入干燥器皿中保存。测试条件为 80℃下脱气 12h。

3. 样品的表面官能团表征方法

本书利用傅里叶变换红外光谱仪(FTIR)测定吸附前后砂土表面官能团类型(KBr 压片,室温)。测定频率为 400cm^{-1},扫描次数为 200 次,分辨率为 4cm^{-1}。利用 OMNIC 和 Origin 软件进行数据处理。

4. 电子能谱表征方法

1) 紫外-可见光谱分析

使用紫外-可见分光光度计测定 DOM 的紫外光谱特征值,扫描波长范围为 190~850nm (2nm 间隔),分别测定各样品在 203nm、253nm、254nm、250nm、275nm、295nm、365nm、465nm、665nm 处的吸光度,通过计算得出紫外-可见光谱特征值进行分析。

2) 元素分析

使用元素分析仪测定三种类型 DOM 的 C、H、N 元素的质量分数。元素分析仪通过动态燃烧法,使得 C、H、N 在高温下完全转化为气体,通过检测信号、样品重量等方式计算各元素百分比。

2.4 抗生素渗透性研究方法

1. 砂柱填装及渗透系数测定方法

填装样品前,在有机玻璃砂柱内紧贴所有取样及测压孔处固定一层纱网,防止砂样在水流作用下流出。填装时将松散、均匀的介质样品分层装入柱内,每装 3~5cm 高度将其压实,压平展,使砂柱整体均匀。填装完成后在柱体顶部均匀铺放 1~2cm 厚的石英砂,水流作用对砂柱顶部造成冲击。砂柱装填完毕后进行饱水。从砂柱底部缓慢向其中通入水流,在此过程中避免气泡产生,每当水位上升一段距离,中断进水,使其稳定一段时间再继续进水,直至水位上升至砂样表层。饱水完全后,以稳定的速率持续向砂柱内通水一段时间,尽可能将气泡驱赶完全。砂柱内饱水稳定后,停止进水,让柱内水流在重力作用下自行排出,以模拟自然环境中含水介质的状态。如此反复几次饱水和重力排水，使砂柱整体稳定。砂柱内含水介质的渗透系数依据达西定律计算，实验过程中，通过记录不同时刻水头差值及出水口流量，根据达西定律获得相应的渗透系数。

2. DOM 的三维荧光特性表征方法

在荧光分光光度计上检测三种类型 DOM 的三维荧光特性。配制 TOC 浓度为 80.0mg/L 的 DOM 溶液，采用 1cm 石英荧光样品池，调节操作条件：激发光源 150W 的氙弧灯，激发波长 E_x 为 200～550nm，发射波长 E_m 为 250～750nm，扫描速度为 1200nm/min，电压为 400V，信噪比>110，带通 E_x=5nm，E_m=10nm，保持溶液温度为室温。根据数据绘制三维荧光光谱(3D-EEM)图。

3. 典型含水介质渗透性变化规律研究方法

1) 单一含水介质的渗透性变化实验

实验包括对照实验和再生水回灌实验两部分。

对照实验：采用自来水作为回灌水源，分别回灌介质为粉砂、细砂、中砂的砂柱，作为再生水回灌实验的背景对照。

再生水回灌实验：采用再生水分别回灌介质为粉砂、细砂、中砂的砂柱。

对于同一种介质，对照实验和再生水回灌实验同时进行，通过记录同一时间段内出水流量，根据达西定律来计算相应时刻的渗透系数，从而得到相同条件下不同粒径含水介质渗透系数随时间的变化规律。

2) 不同体积比掺混的含水介质渗透性变化规律

将野外采集的三种代表性粒径的含水介质分别按照表 2-1 中的体积比进行掺混，得到 6 种不同的含水介质。

表 2-1　各粒径含水介质与水的体积比

含水介质	含水介质与水的体积比					
中砂	1∶2	1∶2	1∶3	1∶3	1∶6	1∶6
细砂	1∶3	1∶6	1∶2	1∶6	1∶2	1∶3
粉砂	1∶6	1∶3	1∶6	1∶2	1∶3	1∶2

对照实验：采用自来水作为回灌水源，分别回灌介质为上述 6 种不同组合的砂柱，作为再生水回灌实验的背景对照。

再生水回灌实验：采用再生水，分别回灌介质为上述 6 种不同组合的砂柱。

对于同一种组成的介质，对照实验和再生水回灌实验同时进行，通过记录同一时间段内出水流量，根据达西定律来计算相应时刻的渗透系数，从而得到相同条件下粉砂、细砂、中砂以不同比例掺混的含水介质渗透系数随时间的变化规律。

3) 不同排列方式下含水介质渗透性变化规律

将野外采集的三种代表性粒径的含水介质分别按照表 2-2 中的排列位置顺序组合，得到 6 种不同的含水介质。

表 2-2　各粒径含水介质排列位置

含水介质	排列位置					
中砂	上	上	中	中	下	下
细砂	中	下	上	下	上	中
粉砂	下	中	下	上	中	上

对照实验：采用自来水作为回灌水源，分别回灌介质为上述 6 种不同组合的砂柱，作为再生水回灌实验的背景对照。

再生水回灌实验：采用再生水，分别回灌介质为上述 6 种不同组合的砂柱。

对于同一种组成的介质，对照实验和再生水回灌实验同时进行，通过记录同一时间段的出水流量，根据达西定律计算相应时刻的渗透系数，从而得到相同条件下粉砂、细砂、中砂以不同排列方式的含水介质渗透系数随时间的变化规律。

4. Hydrus-1D 软件模拟

Hydrus-1D 软件模型模拟中参数的确定与校准至关重要，一般需要通过正演和反演两个过程[129]。正演是指利用前期基础实验得到的参数及经验值，将这些参数输入软件后对迁移过程进行正向模拟，此过程需要不断地调参使得模拟更贴近实验数据；反演则是利用正演获得的优化参数借助软件中的反演(Inverse Solution)模块进行参数反算。

运用实验室实测 Cl⁻穿透曲线数据，在 Hydrus-1D 软件中进行正演和反演，为后续 NOR 运移模拟提供基本参数，主要运用到水流运移(Water Flow)模块和溶质运移(Solute Transport)模块，其中溶质运移模块选择标准溶质运移(Standard Solute Transport)。

根据一维弥散实验数据模拟 NaCl 连续入渗的情形，对 Solute Transport 模块进行设置，上边界设定为恒定浓度边界(concentration flux boundary condition)，下边界设定为零浓度梯度边界(zero concentration gradient condition)。在此实验中，忽略砂土对 Cl⁻吸附的影响，即不存在物理非平衡现象，所以溶质运移模型选择平衡模型(Equilibrium Model)[146,147]。正演过程在软件中需要进行参数设置，包括土壤水力特性参数(渗透系数 K_s、垂向弥散度 α_L)，具体参考表 2-3。溶质运移参数(溶质在自由水中的分子扩散系数 D_w)，根据经验公式 $D_w=(2.71\times10^{-4})/M^{0.71}$ 进行计算，计算式中 M 为溶质的摩尔质量[147]。

表 2-3　Cl⁻迁移模拟水力特性参数

含水介质	α_L/cm	K_s/(cm/min)	R^2	RMSE
粗砂	3.65	0.197	0.9900	0.021
中砂	2.01	0.145	0.9400	0.089
细砂	1.42	0.073	0.9900	0.030

以实验测得的参数作为初始值，对 NaCl 运移进行正向模拟后，结合 Inverse Solution 模块反推参数，在主菜单中勾选 Inverse Solution 模块，在 Inverse Solution 对话框中勾选 Solute Transport Parameters 及 Flux Concentrations，在 Water Flow Parameters 对话框选中 K_s，在 Solute Transport and Reaction Parameters 对话框中选中 α_L，在 Data for Inverse Solution 对话框中输入实测值。运行程序对 K_s 和 α_L 进行反演，不断调试后得到和实验数据拟合度较高的模拟曲线。图 2-1 为 Hydrus-1D 软件反演后得到的模拟曲线和实测值对比，可见模型拟合结果与室内实验实测值接近。最终反演优化后的参数如表 2-3 所示，R^2 均在 0.9400 及以上，均方根误差均≤0.089，说明模型拟合较好，其拟合得到的参数可用于后续 NOR 在包气带中迁移行为的数值模拟。

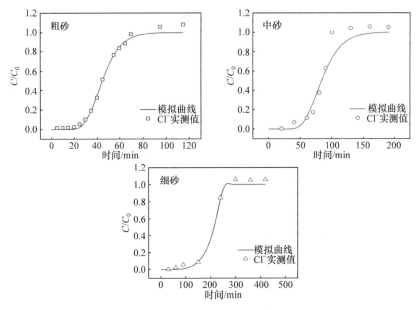

图 2-1　Cl⁻模拟曲线和实测值对比

C/C_0-平衡浓度/初始浓度

2.5　数据分析方法

2.5.1　抗生素吸附动力学模型分析方法

NOR 及 DOM 的吸附量(Q_t，mg/kg)与平衡后的初始浓度(C_0，mg/L)及平衡浓度(C，mg/L)的关系如下：

$$Q_t = \frac{(C_0 - C) \times V}{M} \tag{2-2}$$

式中，M 为砂土的质量，kg；V 为溶液的体积，L。

采用准一级动力学模型、准二级动力学模型、双室一级动力学模型和 Elovich 模型对吸附动力学数据进行了分析和拟合。具体公式如下：

准一级动力学模型：

$$Q_t = Q_e(1 - e^{-k_1 t}) \tag{2-3}$$

准二级动力学模型：

$$Q_t = Q_e^2 k_2 t (1 + q_e k_2 t)^{-1} \tag{2-4}$$

双室一级动力学模型：

$$Q_t / Q_e = f_1(1 - e^{-tk_{f_1}}) + f_2(1 - e^{-tk_{f2}}) \tag{2-5}$$

Elovich 模型：

$$Q_t = \frac{1}{\beta} \ln(1 + \alpha\beta t) \tag{2-6}$$

式中，Q_e 为平衡吸附量，mg/kg；$k_1(\text{h}^{-1})$、$k_2([\text{kg}/(\text{mg} \cdot \text{h})])$、$k_{f_1}$ 和 k_{f_2}（[mg/(kg · h)]）分别为对应的吸附速率常数，f_1 和 f_2 分别为快、慢室所占总吸附的分率，$f_1 + f_2 = 1$。

2.5.2　抗生素等温吸附模型分析方法

采用线性模型、弗罗因德利希(Freundlich)模型和 Dubinin-Radushkevich 模型(简称"D-R 模型")对 NOR 的吸附等温线进行拟合。具体公式如下：

线性模型：

$$Q_e = K_d \times C \tag{2-7}$$

Freundlich 模型：

$$Q_e = K_F \times C^n \tag{2-8}$$

Dubinin-Radushkevich 模型：

$$\ln Q_e = \ln Q_{max} - \beta \varepsilon^2 \tag{2-9}$$

$$\varepsilon = RT \ln(1 + 1/C) \tag{2-10}$$

$$E = 1/\sqrt{2\beta} \tag{2-11}$$

式中，K_d 为线性吸附系数，L/kg；K_F 为 Freundlich 吸附系数，$[mg^{(1-1/n)} \cdot L^{1/n}]/kg$；$n$ 为吸附常数；Q_{max} 为最大吸附量，mg/g；β 为与吸附能量有关的参数，J^2/mol^2；ε 为波兰势能；T 为吸附温度，K；R 为气体常数，8.314J/(mol·K)；E 为吸附自由能，kJ/mol。

Langmuir 模型：

$$Q_e = \frac{Q_m C K_L}{1 + C K_L} \tag{2-12}$$

式中，K_L 为 Langmuir 系数，反映吸附剂的吸附性能。

2.5.3　抗生素吸附热力学模型分析方法

吸附热力学数据采用以下公式进行分析：

$$\Delta G = -RT \ln K \tag{2-13}$$

$$\Delta G = \Delta H - T\Delta S \tag{2-14}$$

$$K = Q_e / C \tag{2-15}$$

式中，K 为吸附分布系数，L/kg；ΔS 为熵变，J/(mol·K)；ΔH 为焓变，kJ/mol；ΔG 为吉布斯自由能变化，kJ/mol。

DOM 的吸附等温线数据采用初始质量等温线(initial mass isotherm)模型拟合。该模型以线性模型为基础，同时也考虑了砂土中原本含有的有机物。

初始质量等温线模型：

$$RE = m \cdot X_i - b \tag{2-16}$$

式中，RE 为从溶液中吸附 DOM 的量，mg/kg；m 为吸附系数；X_i 为溶液中 DOM 的初始浓度，mg/kg；b 为原生砂土释放的 DOM，mg/kg。m 可用于计算分布系数，公式为

$$K_d^* = \frac{m}{1-m} \times \frac{V}{M} \tag{2-17}$$

式中，K_d^* 为分布系数。

第3章 再生水入渗下抗生素的迁移行为

3.1 再生水入渗下含水介质渗透性变化规律

3.1.1 单一介质渗透性变化规律

以中砂、细砂和粉砂作为含水介质开展入渗实验,以自来水入渗作为对照,得到不同含水介质渗透系数随时间变化曲线(图 3-1)。中砂组,对照中含水介质渗透系数基本不变,维持在 0.200cm/s 左右;再生水入渗下的含水介质在前 1.25h 内保持和自来水入渗相同的趋势,随着入渗的持续,渗透系数逐渐降低,并在入渗 4.15h 后达到稳定,保持在 0.084cm/s 左右不变。细砂组,随着时间的持续,对照组渗透系数也较为稳定,也是维持在 0.020cm/s 左右;再生水入渗下的含水介质

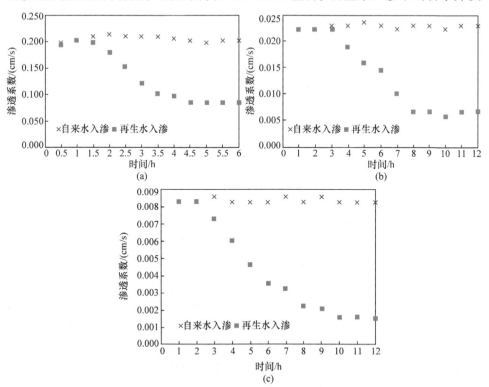

图 3-1 不同含水介质渗透系数随时间变化曲线

(a) 中砂;(b) 细砂;(c) 粉砂

渗透系数在前 3.80h 内与对照组入渗时基本一致,然而随入渗的进行,细砂的渗透系数逐渐降低,在入渗进行到 8.15h 后达到稳定状态,保持在 0.007cm/s 左右。粉砂组,对照的渗透系数保持在 0.008cm/s 左右;再生水入渗下的粉砂渗透系数在前 2h 内较为稳定,与自来水入渗时相同,然而随着时间的持续,粉砂的渗透系数在 2～6h 快速下降、6～9h 缓慢下降,当入渗进行到 9.00h 后趋于稳定,维持在 0.002cm/s 不变。

综合以上三个实验可得到相同条件下不同含水介质的渗透系数表现为中砂(0.200cm/s)> 细砂(0.020cm/s)> 粉砂(0.008cm/s)。张宜健从微观角度研究发现,含水介质的孔隙大小和数量决定了单位时间内、定水头下流经含水介质的流量大小。对于颗粒较大且均匀的土体,由于缺少细颗粒的填充,自身颗粒间的咬合较差,含水介质内部孔隙通道较为粗大,相同条件下,水流就能比较容易通过,表现为渗透性较好。对于颗粒较小、粒径大小均匀的土体,由于缺乏大颗粒的支撑难以密实,内部孔隙数量多并且细密,相同的水头压力差下,水流流经的路程比较长,产生一定的水头损失,表现出较差的渗透性[148]。

随着入渗的进行,三种含水介质的渗透系数呈现出相同的变化规律:对照组入渗下的含水介质渗透系数基本稳定不变,再生水入渗下的含水介质渗透系数发生了不同程度的下降,都随着时间的推移持续减小,并在入渗进行到一定程度时趋于稳定。其中,中砂渗透系数由 0.200cm/s 减小至 0.084cm/s,衰减率为 58%;细砂渗透系数由 0.020cm/s 降至 0.007cm/s,衰减率为 65%;粉砂渗透系数由0.008cm/s 降低至 0.002cm/s,衰减率为 75%。再生水入渗中,三种含水介质的渗透系数趋于稳定时所用的入渗时间分别为 4.15h、8.15h 和 9.00h。通过对照实验可以推断出,再生水的入渗是含水介质渗透性降低的主要原因。

3.1.2　不同体积比掺混的含水介质渗透性变化规律

分别将含水介质以不同体积比例排列组合,混匀后开展入渗实验,得到不同比例掺混的含水介质渗透系数随时间变化图(图 3-2)。图 3-2(a)可以看出,随着入渗的进行,对照组(自来水入渗)的含水介质渗透系数保持在 0.055cm/s 左右;再生水入渗下的含水介质渗透系数在前 5.4h 内较为稳定,与对照组渗透系数相同。随着时间的持续,含水介质的渗透系数在 5.4～10h 快速下降,在 10～12h 缓慢下降,入渗进行到 12h 后趋于稳定,维持在 0.025cm/s 不变。图 3-2(b)中,随着入渗的进行,对照组含水介质渗透系数保持在 0.048cm/s 左右不变;再生水入渗下的含水介质渗透系数在前 3.75h 内较为稳定,在 3.75～10h 快速下降,在 10～12.8h 缓慢下降,直到入渗 12.8h 后趋于稳定,维持在 0.019cm/s 不变。图 3-2(c)所示,对照组含水介质渗透系数保持在 0.032cm/s 左右;再生水入渗下的含水介质渗透

系数在前 3.7h 内较为稳定，在 3.7～8h 快速下降，在 8～13.2h 缓慢下降，直到
13.2h 后趋于稳定，维持在 0.013cm/s 不变。图 3-2(d)所示，对照组含水介质渗透
系数保持在 0.030cm/s 左右；再生水入渗下的含水介质渗透系数在前 3.5h 内较为
稳定，在 3.5～11h 快速下降，在 11～14h 缓慢下降，入渗到 14h 后趋于稳定，维持

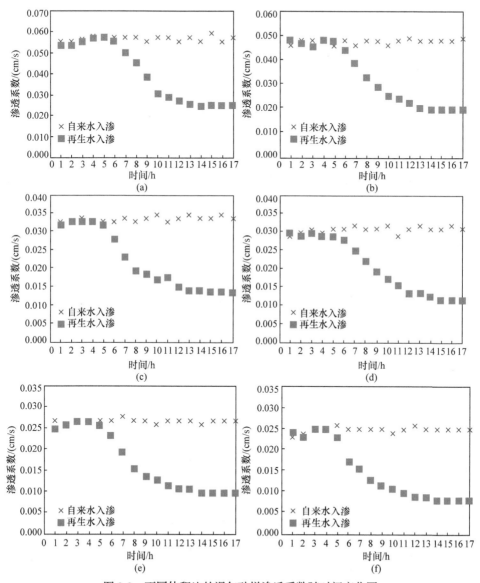

图 3-2　不同体积比的混匀砂样渗透系数随时间变化图

(a) 中砂、细砂、粉砂体积比=3：2：1；(b) 中砂、细砂、粉砂体积比=3：1：2；
(c) 中砂、细砂、粉砂体积比=2：3：1；(d) 中砂、细砂、粉砂体积比=2：1：3；
(e) 中砂、细砂、粉砂体积比=1：3：2；(f) 中砂、细砂、粉砂体积比=1：2：3

在 0.011cm/s 不变。图 3-2(e)中，对照组含水介质渗透系数保持在 0.027cm/s 左右；再生水入渗下的含水介质渗透系数在前 3.7h 内较为稳定，在 3.7~9h 快速下降，在 9~12.5h 缓慢下降，入渗 12.5h 后趋于稳定，维持在 0.009cm/s 不变。图 3-2(f)中，对照组含水介质渗透系数保持在 0.025cm/s 左右；再生水入渗下的含水介质渗透系数在前 2.5h 内较为稳定，在 2.5~8h 快速下降，在 8~12h 缓慢下降，入渗到 12h 后趋于稳定，维持在 0.008cm/s 不变。

综合上述实验得到不同含水介质以不同比例掺混的渗透系数变化规律：随入渗的进行，各含水介质的渗透系数都呈现出相同的变化规律，对照组渗透系数基本稳定不变，再生水入渗下的渗透系数随时间的推移先是保持稳定不变，而后急剧下降到一定程度时再缓慢降低，并在入渗后期趋于稳定。随中砂含量不断减少，细砂和粉砂的含量相对上升，含水介质的渗透系数由 0.055cm/s(中砂含量为 1/2)下降至 0.025cm/s(中砂含量为 1/6)。在中砂含量相同的条件下，无论另外两种砂以何种比例掺混，渗透系数变化量相差不大，这是因为中砂渗透系数较大，其在介质中的比例对渗透性变化起决定性作用。

渗透系数衰减曲线(图 3-3)定量地验证了上述入渗过程，通过相应的渗透系数衰减方程，可推导出更一般的渗透系数衰减方程为

$$K = K_0 e^{-\lambda t} \tag{3-1}$$

式中，K_0 为渗透系数初始值(cm/s)；λ 为渗透系数衰减系数。表 3-1 为各含水介质不同体积比条件下渗透系数衰减过程中的各参数情况。衰减率 S 计算公式为

$$S = \frac{K_0 - K_t}{K_0} \tag{3-2}$$

式中，K_t 为渗透系数稳定时取值(cm/s)。

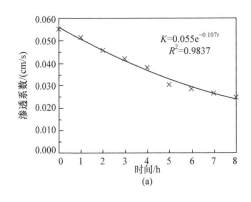

(a)

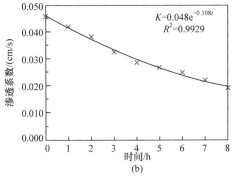

(b)

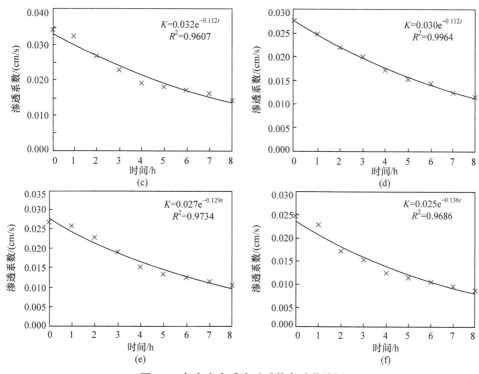

图 3-3　各含水介质渗透系数衰减曲线图

(a) 中砂、细砂、粉砂体积比=3：2：1；(b) 中砂、细砂、粉砂体积比=3：1：2；
(c) 中砂、细砂、粉砂体积比=2：3：1；(d) 中砂、细砂、粉砂体积比=2：1：3；
(e) 中砂、细砂、粉砂体积比=1：3：2；(f) 中砂、细砂、粉砂体积比=1：2：3

表 3-1　各含水介质不同体积比条件下渗透系数衰减参数表

中砂、细砂、粉砂体积比	K_0/(cm/s)	K_t/(cm/s)	降幅/(cm/s)	衰减率 S/%	衰减系数 λ	R^2
3：2：1	0.055	0.025	0.030	54.55	0.107	0.9837
3：1：2	0.048	0.019	0.027	56.25	0.108	0.9929
2：3：1	0.032	0.013	0.019	59.37	0.112	0.9607
2：1：3	0.030	0.011	0.019	63.33	0.112	0.9964
1：3：2	0.027	0.009	0.018	66.67	0.129	0.9734
1：2：3	0.025	0.008	0.017	68.00	0.136	0.9686

　　随着中砂在砂柱中所占比例的降低，砂柱渗透系数整体降幅减小，由 0.030cm/s 下降至 0.017cm/s，但渗透系数衰减率不断增大，由 54.55%升高至 68.00%，衰减系数由 0.107 增大至 0.136(表 3-1)。随着砂体粒径组成的不同，可认为砂体整体有效粒径发生了变化，结合渗透实验的结果和数据分析结果发现，有

效粒径越大，渗透系数越大，符合一般渗透实验的规律。何书等认为在渗透持续发生的过程中，含水介质中含有的细小颗粒在砂柱中会发生迁移，下游某些孔隙堵塞，引发渗透系数的减小，且细小颗粒的含量对于颗粒迁移存在明显影响，细小颗粒的含量越高，其迁移能力就会越强，从而导致更为严重的孔隙堵塞，渗透系数的降幅就会越大[149]。不含黏性土的介质中，细砂含量越高，促使细颗粒迁移的临界水力坡度会相应增大。临界水力坡度的研究表明，渗流方向对其有明显的影响，当渗流方向自上而下时，细颗粒的迁移通常变得更为容易[150]。本书的入渗实验渗流方向皆为自上而下，且在实际入渗中多数渗流方向也为自上而下，其对含水介质渗透性的影响不言而喻。

3.1.3 不同排列方式下含水介质渗透性变化规律

分别将粉砂、细砂、中砂按照上、中、下的位置排列组合，按顺序填装进行入渗实验。得到粉砂、细砂、中砂以不同排列方式的含水介质渗透系数随时间变化图(图 3-4)。图 3-4(a)中，对照组渗透系数保持在 0.013cm/s 左右；再生水入渗下的含水介质渗透系数在前 4h 内较为稳定，在 6～16h 逐渐下降，16h 后趋于稳定，维持在 0.004cm/s。图 3-4(b)中，对照组渗透系数保持在 0.012cm/s 左右；再生水

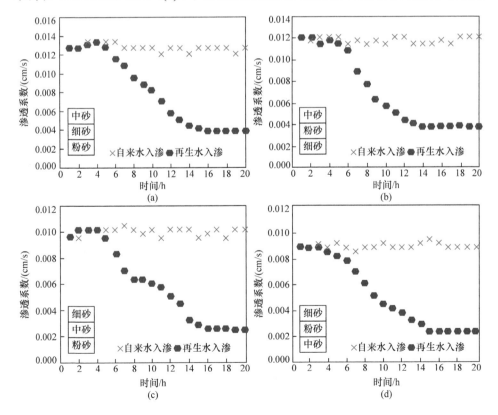

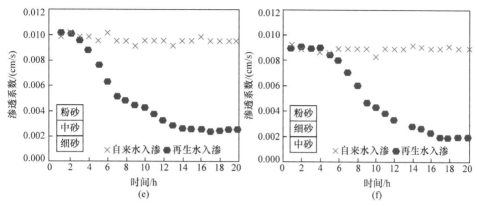

图 3-4　不同排列方式的砂样渗透系数随时间变化图
(a) 含水介质排列中砂(上)细砂(中)粉砂(下)；(b) 含水介质排列中砂(上)粉砂(中)细砂(下)；
(c) 含水介质排列细砂(上)中砂(中)粉砂(下)；(d) 含水介质排列细砂(上)粉砂(中)中砂(下)；
(e) 含水介质排列粉砂(上)中砂(中)细砂(下)；(f) 含水介质排列粉砂(上)细砂(中)中砂(下)

入渗下的含水介质渗透系数在前 5h 内较为稳定，5～9h 快速下降，9～14h 缓慢下降，14h 后趋于稳定，维持在 0.004cm/s 不变。

图 3-4(c)中，对照组渗透系数保持在 0.010cm/s 左右；再生水入渗下的含水介质渗透系数在前 4h 内较为稳定，4～8h 快速下降，8～15h 缓慢下降，15h 后趋于稳定，维持在 0.003cm/s 不变。图 3-4(d)中，对照组渗透系数保持在 0.009cm/s 左右；再生水入渗下的含水介质渗透系数在前 3h 内较为稳定，3～15h 逐渐下降，15h 后趋于稳定，维持在 0.002cm/s 不变。

图 3-4(e)中，对照组渗透系数保持在 0.010cm/s 左右；再生水入渗下的含水介质渗透系数在前 3h 内较为稳定，3～7h 快速下降，7～14h 缓慢下降，14h 后趋于稳定，维持在 0.003cm/s 不变。图 3-4(f)中，对照组渗透系数保持在 0.009cm/s 左右；再生水入渗下的含水介质渗透系数在前 4h 内较为稳定，4～9h 快速下降，9～17h 缓慢下降，17h 后趋于稳定，维持在 0.002cm/s 不变。

综上所述：随入渗的进行，含水介质的渗透系数呈现出相同的变化规律，对照组渗透系数基本稳定不变，再生水入渗下的渗透系数随着时间的推移先保持稳定不变，而后急剧下降到一定程度时缓慢降低，并在入渗后期趋于稳定。当中砂分别位于顶层和底层时，含水介质渗透系数差异较为明显(图 3-5、图 3-6)。

根据图 3-6 的定量分析结果，结合式(3-1)和式(3-2)得到表 3-2 所示的各含水介质不同排列方式条件下渗透系数衰减过程中的各参数。

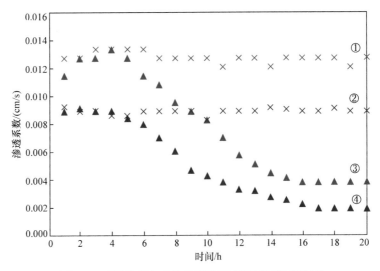

图 3-5　不同排列方式的砂样渗透系数随时间变化图

①× 中砂(上)细砂(中)粉砂(下)自来水入渗；②× 粉砂(上)细砂(中)中砂(下)自来水入渗；

③▲ 中砂(上)细砂(中)粉砂(下)再生水入渗；④▲ 粉砂(上)细砂(中)中砂(下)再生水入渗

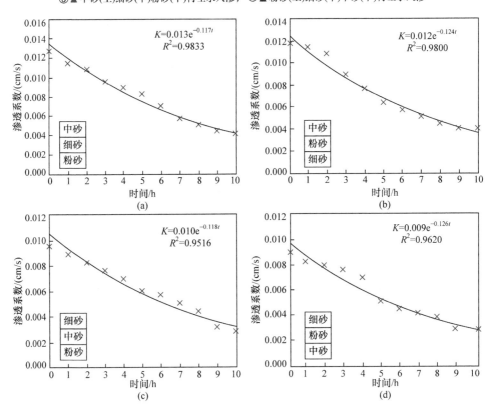

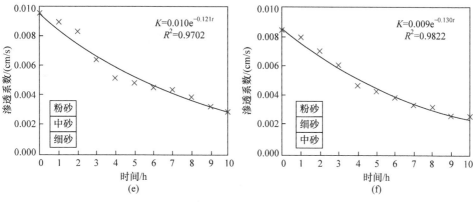

图 3-6 各含水介质渗透系数衰减曲线图

(a) 含水介质排列中砂(上)细砂(中)粉砂(下); (b) 含水介质排列中砂(上)粉砂(中)细砂(下);
(c) 含水介质排列细砂(上)中砂(中)粉砂(下); (d) 含水介质排列细砂(上)粉砂(中)中砂(下);
(e) 含水介质排列粉砂(上)中砂(中)细砂(下); (f) 含水介质排列粉砂(上)细砂(中)中砂(下)

表 3-2 各含水介质不同排列方式条件下渗透系数衰减参数表

介质组成	K_0/(cm/s)	K_t/(cm/s)	降幅/(cm/s)	衰减率 S/%	衰减系数 λ	R^2
中砂(上)细砂(中)粉砂(下)	0.013	0.004	0.009	69.23	0.117	0.9833
中砂(上)粉砂(中)细砂(下)	0.012	0.004	0.008	66.67	0.124	0.9800
细砂(上)中砂(中)粉砂(下)	0.010	0.003	0.007	70.00	0.118	0.9516
细砂(上)粉砂(中)中砂(下)	0.009	0.002	0.007	77.78	0.126	0.9620
粉砂(上)中砂(中)细砂(下)	0.010	0.003	0.007	70.00	0.121	0.9702
粉砂(上)细砂(中)中砂(下)	0.009	0.002	0.007	77.78	0.130	0.9822

由表 3-2 可知,中砂在砂柱中的位置分别位于上、中、下时,渗透系数的衰减率分别为 68.00%左右、70.00%和 77.78%,尤其是中砂位于中部和下部时,无论另外两种含水介质以什么方式排列,衰减率都保持在 70.00%和 77.78%不变。衰减系数随砂柱的结构从"上粗下细"变为"下粗上细"时,由 0.117 增大为 0.130。说明含水介质的沉积结构影响渗透系数的变化。当含水介质的渗流上层为粗颗粒物质,下层为细颗粒物质时,悬浮物颗粒主要在粗细颗粒的分界面处沉积,因此整体渗透系数衰减率较小;若上层是细颗粒物质,下层是粗颗粒物质,则悬浮物颗粒就会在入渗介质表层产生沉积,因此当中砂位于下层,粉砂位于上层时,衰减率和衰减系数都达到了最大值,沉积层削弱了颗粒向下迁移的趋势,介质堵塞程度便会随深度增加而减小。研究结果表明,入渗时剖面结构对含水介质整体渗透性有很大影响。

3.2　再生水入渗下的悬浮物堵塞规律

3.2.1　悬浮物堵塞的原理

1. 表层堵塞

含水介质内部存在孔隙，当含有悬浮物的流体流经含水介质，微粒体积小于孔隙体积，微粒直径小于孔隙宽度时，微粒便会顺利进入多孔介质孔隙，并随水流在孔隙中运动，穿过孔隙，反之微粒就会被阻挡在孔隙之外。当再生水回灌水源中含有细小悬浮物颗粒时，在进行补给地下水含水层的过程中，悬浮物颗粒随之进入含水层，较粗大的颗粒被含水层阻挡[图 3-7(a)]。随着回灌的进行，不断有颗粒在此位置被阻挡，久而久之会形成一层淤积层[图 3-7(b)]，这一过程可称为过滤过程[56]。

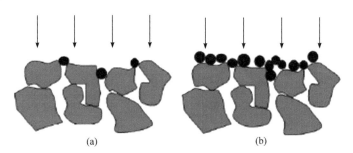

图 3-7　表面淤积层形成示意图
(a) 较粗大的颗粒被含水层阻挡；(b) 淤积层逐渐形成

水流流经含水层表面时，水平方向速度较小，水流作用微弱，一部分悬浮物颗粒会沉降下来形成淤积层，这一过程可称为沉淀过程。

综上可以看出，表层堵塞是过滤过程与沉淀过程综合作用的结果。

2. 介质内部堵塞

(1) 过滤作用：当悬浮物颗粒直径小于介质孔隙宽度时，悬浮颗粒会与孔隙壁发生碰撞从而被滤除。

(2) 惯性作用：水流在含水介质中会沿着孔隙通道不规律流动，而悬浮颗粒在水流中具有一定的运动惯性，在惯性作用下遇到不规则孔隙时不会随着水流转向而会继续保持其原有的运动状态，会造成悬浮颗粒与孔隙壁碰撞，掉落在孔隙通道中。

(3) 物理沉淀作用：悬浮物颗粒在自身重力作用和水流剪切力作用下发生沉降，相继沉淀后积聚于孔隙中。

此外，含水介质内部在水动力或水化学作用下产生的固体颗粒脱落后随着水流运移，沉积孔隙在上述几种作用下产生堵塞。

3.2.2 不同粒径含水介质相对渗透系数随时间的变化规律

含水介质在渗流中发生堵塞作用最直接、最直观的表现为多孔介质导水能力的降低，即渗透系数的减小。因此，渗透系数的变化最能反映出堵塞发生的程度。

实验中采用相对渗透系数(K')来表征含水介质堵塞的程度。K'计算公式如下：

$$K' = \frac{K}{K_0} \tag{3-3}$$

式中，K 为渗透系数(cm/s)；K_0 为初始渗透系数(cm/s)，表示实验开始时介质的渗透系数。

将砂柱按入渗深度划分为 3 个区段：0～6cm、6～20cm、20～36cm，计算每一区段含水介质相对渗透系数，进而可分析每一段含水介质的堵塞特征。实验结果如图 3-8 所示，悬浮物回灌过程中，含水介质相对渗透系数变化主要体现在 0～

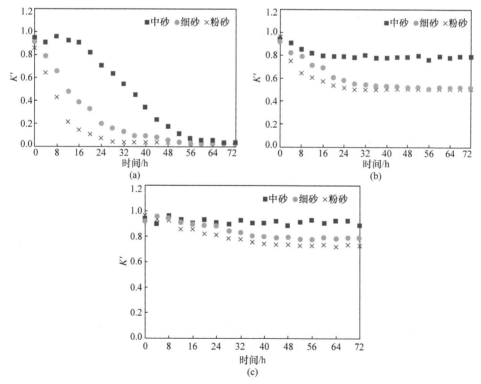

图 3-8 不同粒径入渗介质砂柱不同深度的相对渗透系数随时间变化曲线

(a) 0～6cm 渗透系数随时间变化曲线；(b) 6～20cm 渗透系数随时间变化曲线；(c) 20～36cm 渗透系数随时间变化曲线

6cm 的入渗深度,三种砂的相对渗透系数都急剧降低。6~20cm 入渗深度,介质相对渗透系数先短时间内缓慢下降,稳定后无明显变化,粉砂相对渗透系数稳定在初始值的 49%左右,细砂相对渗透系数稳定在初始值的 51%左右,中砂相对渗透系数稳定在初始值的 78%左右。在 20~36cm 的入渗深度,三种含水介质的相对渗透系数有细微减小,然后稳定在某一个值附近,并没有太大的变化,粉砂、细砂、中砂的相对渗透系数分别稳定在各自初始值的 72%、78%、92%附近。因此,可以判断此回灌实验在砂柱内发生了表层堵塞。

如图 3-9 所示,随着回灌的进行,各不同粒径介质的相对渗透系数随时间都呈现出相同的变化规律:回灌初期,各砂柱相对渗透系数急剧下降,随着回灌的继续进行,相对渗透系数缓慢减小,并在回灌进行到一定程度时趋于稳定。

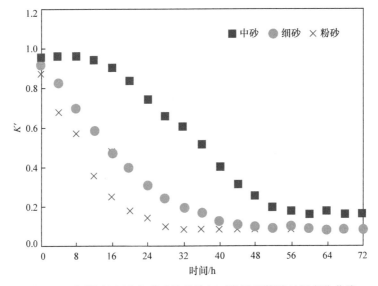

图 3-9　不同粒径入渗介质砂柱整体相对渗透系数随时间变化曲线

综合上述三种不同粒径介质悬浮物回灌实验结果,对比分析发现:相同条件下,入渗介质粒径越大,相对渗透系数越大,回灌进行到同一时间时,粒径较小的介质堵塞情况较为严重,堵塞程度相同时,粒径较大的介质需回灌更长的时间。

为了定量研究上述过程中的渗透系数衰减规律,定义渗透系数衰减速率 V 为单位时间内入渗介质渗透系数下降幅度,即

$$V = \frac{(K_0 - K_t)/K_0}{t} \tag{3-4}$$

式中,K_0 为初始渗透系数(cm/s);K_t 为 t 时刻渗透系数(cm/s);t 为渗透系数从 K_0

降至 K_t 所用时间(h)。

图 3-10 为不同入渗介质粒径回灌下的相对渗透系数衰减曲线,定量地显示了回灌过程中含水介质相对渗透系数曲线变化情况。

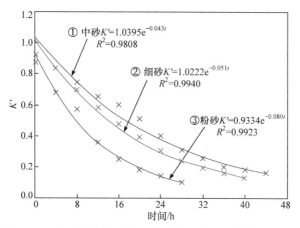

图 3-10　不同入渗介质粒径回灌下相对渗透系数衰减曲线图

根据图 3-10 及式(3-4)计算结果,得到如表 3-3 所示的渗透系数衰减过程中的各参数。图 3-11 为不同粒径入渗介质砂柱渗透系数衰减速率图。

表 3-3　不同入渗介质粒径回灌下渗透系数衰减参数表

不同粒径介质	不同层位渗透系数衰减速率 V/h^{-1}			整体砂柱渗透系数衰减速率 V/h^{-1}	衰减系数	相关系数 R^2
	0~6cm	6~20cm	20~36cm			
中砂	0.0133	0.0105	0.0062	0.0131	0.043	0.9808
细砂	0.0175	0.0132	0.0055	0.0163	0.051	0.9940
粉砂	0.0301	0.0178	0.0053	0.0286	0.080	0.9923

由表 3-3 可知,①随着入渗粒径逐渐减小,入渗介质 0~6cm 和 6~20cm 层位的渗透系数衰减速率逐渐增大,入渗介质整体砂柱渗透系数衰减速率也逐渐增大,由 0.0131 增大至 0.0286,与入渗粒径呈负相关关系;20~36cm 层位渗透系数衰减速率却变化不大。粒径减小,砂柱渗透系数衰减系数随之增大,由 0.043 增大至 0.080。②渗透系数随深度的衰减规律。针对单一粒径不同层位而言,衰减速率随深度增加逐渐降低,表明近砂柱表面的层位堵塞较快,处于深部层位堵塞变慢。这是因为随着回灌过程的进行,悬浮物首先被上层介质截留,仅有少部分悬浮物进入砂柱内部,入渗介质上层堵塞相对较快。

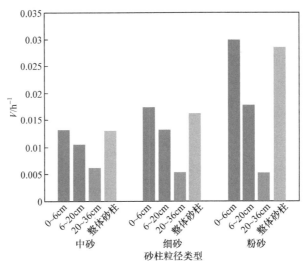

图 3-11　不同粒径入渗介质砂柱渗透系数衰减速率图

由图 3-11 可以看出：整体上而言，入渗粒径的变化，对浅层砂层渗透系数衰减速率的影响较大，随着粒径减小，0～6cm 砂层表现出快速增大的衰减速率，6～20cm 层位的衰减速率变幅次之，而 20～36cm 层位衰减速率几乎没有发生变化，整体砂柱的衰减速率受浅层砂层影响较大。

3.2.3　不同浓度悬浮物回灌水相对渗透系数随时间的变化规律

如图 3-12(a)所示，对于 0～6cm 砂层，回灌开始后，4 种浓度悬浮物回灌的砂柱相对渗透系数均在短时间内急剧下降，且回灌水悬浮物浓度越大的砂柱发生表层堵塞作用的速率越快，堵塞程度也越高。如图 3-12(b)所示，对于 6～20cm 砂层，用悬浮物浓度为 25mg/L 的悬浊液进行回灌时，含水介质的相对渗透系数没有明显变化，稳定在初始值附近，同等条件下，当悬浮物浓度达到 50mg/L、100mg/L 和 200mg/L，回灌结束后相应的含水介质相对渗透系数分别下降为初始值的 54%、28% 和 16%，此实验结果表明，回灌水中的悬浮物颗粒会在水流作用下在含水介质中迁移，通过多孔介质时，会对水流通道造成一定程度的阻塞，降低其透水能力，即在实验中表现为含水介质渗透性的降低，并且悬浮物浓度越大，悬浮颗粒就越多，渗透性就越易受到影响。如图 3-12(c)所示，对于 20～36cm 砂层，在 25mg/L 悬浮物浓度下，含水介质渗透性仍然保持较为稳定的趋势，其余 3 种浓度回灌水回灌的含水介质相对渗透系数都缓慢降低，较为特别的是，在悬浮物浓度为 100mg/L 和 200mg/L 的条件下，含水介质相对渗透系数的下降趋势较为相似，无明显差别，此实验结果表明，回灌水中的悬浮颗粒在垂向迁移时并非无限制的，很可能超过一定浓度时，悬浮物浓度对堵塞程度的影响并非正相关。

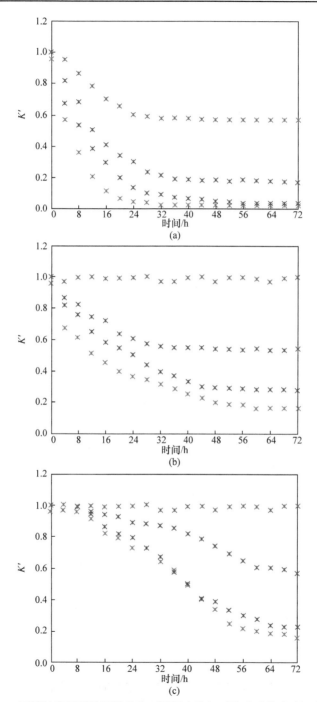

图 3-12　不同浓度悬浮物回灌砂柱不同深度的相对渗透系数随时间变化图

(a) 0～6cm 砂层；(b) 6～20cm 砂层；(c) 20～36cm 砂层

每组图由上至下悬浮物浓度依次为 "25mg/L" "50mg/L" "100mg/L" "200mg/L"

图 3-13 为不同浓度悬浮物回灌时各砂柱整体相对渗透系数随时间变化图,各浓度下砂柱内含水介质的相对渗透系数随着回灌时间的延长都表现出相同的规律,即在回灌开始后都先有一定程度的下降,悬浮物浓度越大的砂柱内含水介质相对渗透系数下降得越为急剧。当悬浮物浓度分别为 25mg/L、50mg/L、100mg/L、200mg/L 时,回灌实验结束后砂柱内含水介质相对渗透系数分别降至初始值的60%、39%、33%和20%,此结果说明再生水回灌中,当回灌水悬浮物浓度在一定范围内增大时,堵塞发生的程度随之加深。

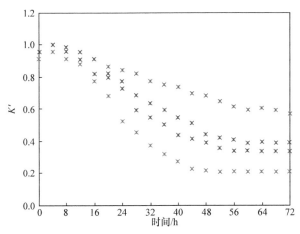

图 3-13 不同浓度悬浮物回灌砂柱整体相对渗透系数随时间变化图
由上至下悬浮物浓度依次为"25mg/L""50mg/L""100mg/L""200mg/L"

图 3-14 为不同浓度悬浮物回灌下的含水介质相对渗透系数衰减曲线,定量地显示了回灌过程中含水介质相对渗透系数曲线变化情况。

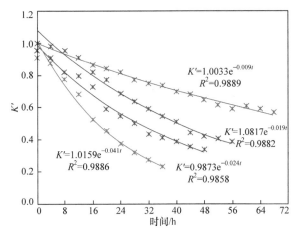

图 3-14 不同浓度悬浮物回灌下相对渗透系数衰减曲线图
由上至下悬浮物浓度依次为"25mg/L""50mg/L""100mg/L""200mg/L"

根据图 3-14 及式(3-4)计算结果，得到如表 3-4 所示的渗透系数衰减过程中的各参数。图 3-15 为不同浓度悬浮物回灌下不同层位渗透系数衰减速率图。

表 3-4 不同浓度悬浮物回灌下渗透系数衰减参数表

悬浮物浓度 /(mg/L)	不同层位渗透系数衰减速率/h⁻¹			整体砂柱渗透系数衰减速率 V/h⁻¹	衰减系数	相关系数 R^2
	0~6cm	6~20cm	20~36cm			
25	0.0091	0.0003	0.0003	0.0068	0.009	0.9889
50	0.0159	0.0095	0.0066	0.0102	0.019	0.9882
100	0.0170	0.0128	0.0119	0.0118	0.024	0.9858
200	0.0310	0.0140	0.0120	0.0176	0.041	0.9886

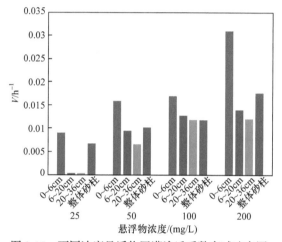

图 3-15 不同浓度悬浮物回灌渗透系数衰减速率图

由表 3-4 可以看出：

(1) 随着悬浮物浓度的增大，入渗介质各层渗透系数衰减速率及整体砂柱渗透系数衰减速率逐渐变大，呈现正相关关系。整体砂柱渗透系数衰减速率由 0.0068 增大至 0.0176，衰减系数也由 0.009 增大至 0.041。

(2) 渗透系数随深度变化的衰减规律。针对单一悬浮物，当悬浮物浓度为 25mg/L 时，随着深度从 6cm 增加至 20cm，衰减速率从 0.0091 减小至 0.0003，之后不再变化。针对其他浓度的悬浮物，衰减速率均随深度增加逐渐降低，近砂柱表面的层位堵塞较快，深部层位堵塞变慢。

由图 3-15 可以看出：整体上而言，悬浮物浓度的变化对浅层砂层的渗透系数衰减速率影响较大，随着粒径减小，0~6cm 砂层表现出快速增大的衰减速率，6~20cm 层位的衰减速率变幅次之，而 20~36cm 层位衰减速率几乎没有发生变化，整体砂柱的衰减速率受浅层砂层影响较大。当悬浮物浓度从 25mg/L 增大至

50mg/L 时，各层位渗透系数衰减速率变化较大，而悬浮物浓度从 100mg/L 增大至 200mg/L 时，各层位渗透系数衰减速率变化不是很明显，说明悬浮物浓度在一定范围内对渗透系数衰减速率的影响呈现出正相关的趋势，当悬浮物浓度增大到一定程度时，二者可能并非正相关关系。

3.3　再生水影响下抗生素的迁移行为

3.3.1　抗生素在不同介质上的吸附行为特征

本节利用 UPLC 对 NOR 进行了定量分析。配制浓度为 0mg/L、5mg/L、10mg/L、20mg/L、40mg/L、50mg/L、80mg/L、100mg/L 的 NOR 标准溶液，使用 UPLC 测定 NOR 浓度，绘制标准曲线呈现其与色谱峰面积的关系，测得的 NOR 标准曲线如图 3-16 所示。从图 3-16 中看出线性拟合的相关系数 $R^2 = 0.9990$，可开展后续实验。

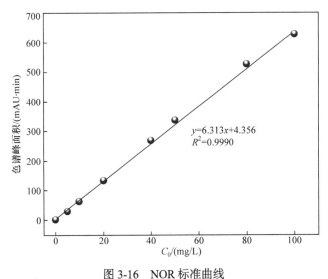

图 3-16　NOR 标准曲线

1. 吸附动力学

不同粒径的砂土对 NOR 的吸附动力学曲线如图 3-17 所示。在初始吸附阶段，三种砂土的吸附量随着时间的增加不断升高，且吸附速率较快。随着时间的推移，吸附速率逐渐缓慢，吸附量 Q_t 逐渐达到饱和。经过 48h 吸附完全达到平衡状态。具体来说，NOR 在砂土表面的吸附过程可分为以下三个阶段：①第一阶段为 0～6h，砂土表面存在足够的吸附位点，NOR 吸附量以较快的速度增加；②第二阶段为 6～20h，随着砂土表面吸附位点被不断占据，NOR 吸附量的增加变得平缓；

③第三阶段为 20～48h，吸附最终达到饱和。细砂对 NOR 的平衡吸附量远高于中砂和粗砂，由于细砂粒径更小，其比表面积更大，因此推测 NOR 在砂土表面可能主要发生物理吸附作用。

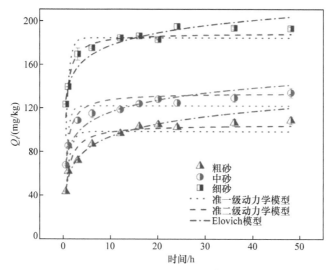

图 3-17　不同粒径砂土对 NOR 的吸附动力学曲线

为了进一步明确 NOR 在不同砂土上的吸附动力学特征，利用准一级动力学模型、准二级动力学模型及 Elovich 模型对实验数据进行拟合。相关研究表明，准一级动力学模型更适合拟合受单一因素影响的吸附过程，即物理吸附的初期动力学数据，整个拟合过程中存在局限性[151]。本书结果与其相契合，准一级动力学模型适用于拟合动力学吸附的初始阶段，当吸附时间过长时，拟合得到的平衡吸附量比实际值低。

表 3-5 为不同粒径砂土对 NOR 的吸附动力学拟合参数，与准一级动力学模型(R^2 为 0.9300～0.9600)相比，准二级动力学模型拟合度更高(R^2 为 0.9700～0.9800)。准二级动力学模型假定吸附速率受化学吸附机制的控制，说明 NOR 在砂土表面是复合吸附过程[152]。值得注意的是，两种含水介质由准二级动力学模型拟合得到的吸附速率常数 k_2 存在细砂>中砂=粗砂的规律，说明细砂表面的官能团或其表面吸附的腐殖质可能会在 NOR 吸附过程中起到较大的作用。与准一级动力学模型和准二级动力学模型相比，Elovich 模型对数据的拟合效果更好(R^2 为 0.9800～0.9900)。根据 Elovich 模型，吸附剂表面的吸附能分布不均匀，吸附过程受化学吸附的影响，吸附效率随着时间的推移而降低[153,154]。这也说明 NOR 在砂土上的吸附过程涉及化学吸附，如氢键和 π-π 相互作用，与其他研究中 NOR 在其他土壤上的观测结果一致[155,156]。因此，NOR 在砂土表面的吸附过程由非均相扩散、物理吸附和化学吸附共同作用。

表 3-5　不同粒径砂土对 NOR 的吸附动力学拟合参数

介质	准一级动力学模型			准二级动力学模型			Elovich 模型		
	k_1/h^{-1}	Q_e/(mg/kg)	R^2	k_2/[mg/(kg·h)]	Q_e/(mg/kg)	R^2	α/[kg/(mg·h)]	β/(kg/mg)	R^2
粗砂	1.10	98.33	0.9500	0.01	105.00	0.9800	451.82	0.06	0.9900
中砂	1.56	121.93	0.9600	0.01	134.06	0.9700	2508.01	0.06	0.9800
细砂	1.43	184.51	0.9300	0.02	189.01	0.9800	72084.00	0.06	0.9900

2. 等温吸附

三种砂土对 NOR 在 298K 的等温吸附数据如图 3-18 所示，砂土对抗生素的平衡吸附量随着吸附质 NOR 的平衡浓度的增大逐渐增加，三种不同粒径的砂土的吸附能力存在明显差异，平衡吸附量大小顺序为细砂>中砂>粗砂，而且随着初始浓度的增大，这种差异性越来越明显。

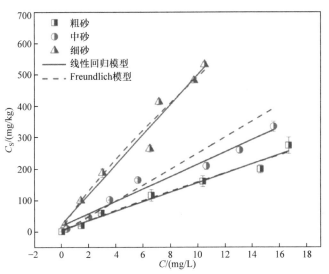

图 3-18　298K 下不同粒径砂土对 NOR 的等温吸附数据
C_S-吸附质的饱和浓度

分别利用线性模型、Freundlich 模型、D-R 模型对中砂、细砂上 NOR 的吸附动力学过程进行拟合，不同粒径砂土对 NOR 的等温吸附拟合的相关参数如表 3-6 所示。根据三种模型拟合得到的参数，发现 Freundlich 模型（R^2 为 0.9600～0.9900）更符合 NOR 在砂土上的等温吸附结果，这也进一步说明了 NOR 更倾向于吸附在砂土表面[155,157]。Freundlich 模型假设较强的结合位点首先被占用，结合强度随着位点占用程度的增加而降低[158]。本书中 Freundlich 模型拟合的得到的 $1/n$ 接近 1，因此吸附等温线接近于线性等温线。这可以解释为什么实验采用的浓度范围内没有观察到砂土对 NOR 吸附的限制。换句话说，NOR 在整个实验浓度范围内的吸附量与溶液中 NOR 浓度成正比，表明 NOR 在溶液和砂土之间的分配作用是恒定不变的。因此，砂土对 NOR 的吸附以分配作用为主[158]。疏水作用和静电作用被认为是影响分配过程的关键[159]。疏水性有机污染物在固体吸附剂表面的吸附通常是由疏水相互作用促进的，然而，由表 3-6 可知，NOR 是一种极性相对较强的有机物(lgK_{ow} = 0.8，K_{ow} 为正辛醇-水分配系数)，所以疏水作用可能不是决定 NOR 吸附的主要因素[160]。那么，砂土和 NOR 之间的静电作用将成为影响吸附的关键原因。

表 3-6　不同粒径砂土对 NOR 的等温吸附拟合参数

介质	线性模型		Freundlich 模型			D-R 模型			
	K_d/(L/kg)	R^2	n	K_F /{[mg$^{(1-1/n)}$ · L$^{1/n}$]/kg}	R^2	Q_{max} /(mg/g)	β /(J^2/mol^2)	R^2	E /(kJ/mol)
粗砂	15.05	0.9700	0.92	18.90	0.9800	208.45	2.46×10^{-6}	0.84	0.6400
中砂	19.64	0.9600	1.02	23.61	0.9600	254.40	3.11×10^{-7}	0.76	1.3000
细砂	50.54	0.9900	0.83	72.96	0.9900	304.30	1.53×10^{-7}	0.86	1.8100

由表 3-6 可知，线性模型也可以较好地拟合数据(R^2 为 0.9600～0.9900)。为了更清晰地对比评估 NOR 在砂土上的吸附行为，本书将等温实验数据与其他同类型研究进行比较，使用线性模型拟合的分配系数(K_d)来讨论吸附机制。Zhang 等以黑土、潮土、红壤三种土壤为研究对象考察了 NOR 吸附情况，指出 NOR 的 K_d 在 0～600L/kg 变化[161]，而在另一项研究中发现，NOR 的 K_d 在 7 种土壤中的范围为 41～36400L/kg[162]。本书细砂、中砂和粗砂的 K_d 分别为 50.54L/kg、19.64L/kg 和 15.05L/kg，均处于上述文献范围内的较低水平。这可能是因为相较于其他的土壤类型，砂土的比表面积较小，阳离子交换能力更低，其吸附量差异显著。

3.3.2　基于砂柱渗流实验的抗生素穿透规律

1. 保守离子在砂柱中的弥散

配制浓度为 0mg/L、600mg/L、800mg/L、1500mg/L、2000mg/L 的 NaCl 标准溶液，采用电导率仪测定标准溶液中 Cl$^-$的浓度，绘制标准曲线图呈现其与电导率的关系(图 3-19)。从图 3-19 中看出线性拟合的相关系数 R^2 = 0.9990，可进行后续实验。

选取保守物质 NaCl 作为示踪剂，将 Cl$^-$看作惰性吸附质，吸附能力极低，得到的 Cl$^-$穿透曲线见图 3-20。可以看出，此次一维弥散实验历经 420min。经过前期背景溶液的冲洗，实验初期砂柱中 Cl$^-$浓度背景值为 0mg/L。在实验中，粗砂、中砂和细砂的 Cl⁻穿透曲线峰值 C/C_0 均能达到 1，说明砂柱装填较为均匀，不存在大孔隙和优先流。Cl⁻在粗砂中仅仅用 70min 就达到浓度峰值，中砂中历经 100min 饱和，而在细砂中穿透曲线明显右移，需 300min 才达到饱和，说明 Cl⁻在不同粒径含水介质中的穿透速率随粒径的减小而增大。

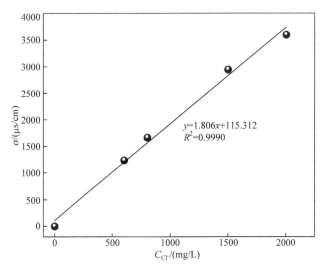

图 3-19 Cl⁻标准曲线
σ-电导率

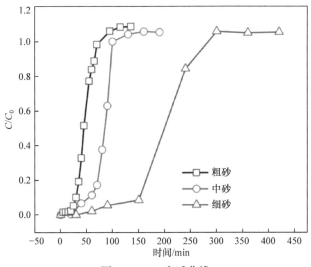

图 3-20 Cl⁻穿透曲线

根据一维弥散实验所测得的数据，计算出渗透系数 K_s、弥散系数 D_L、弥散度 α_L，以便后续 Hydrus-1D 软件模拟使用，结果如表 3-7 所示。

表 3-7 两种介质的相关参数

介质	K_s/(cm/s)	D_L/(cm²/s)	α_L/(cm/s)
粗砂	0.081	2.53	1.90
中砂	0.062	0.81	1.14
细砂	0.025	0.39	0.89

2. NOR 在砂柱中的穿透实验

在 NOR 穿透实验中,总共历时 23d,其中粗砂用时最短,仅 7d。使用 UPLC 测定出水口 NOR 浓度并绘制穿透曲线,如图 3-21 所示。在持续污染的条件下,随时间的变化出水口 NOR 的浓度整体上呈上升趋势。相比示踪剂而言,NOR 的吸附穿透曲线呈现缓慢的上升趋势,说明 NOR 在含水介质中的迁移在其表面受阻,主要原因是 NOR 进入砂柱后,经吸附作用被富集在土层中。随着溶液的下渗,砂柱出水溶质浓度迅速上升,砂土表面 NOR 的有效吸附位点逐渐减少,从而降低了其对随后注入 NOR 的吸附能力,所以后期 NOR 迁移能力增强[163]。

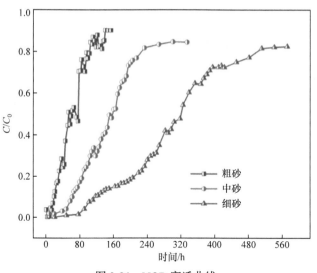

图 3-21 NOR 穿透曲线

NOR 进入粗砂后,出水浓度上升过程中波动更为明显,穿透过程中发生折减现象。粗砂的饱和时间大约是 NOR 进入后的 140h,中砂次之,用时 310h,而在细砂中最慢,大约是 540h,说明细砂的出流液中 NOR 浓度达到峰值更晚,且穿透曲线峰值也呈现出粗砂>中砂>细砂,即在 NOR 在细砂中更难发生迁移。这主要归因于①细砂表面吸附位点更多,K_d 值更大(表 3-6),NOR 吸附量更高。②细砂孔隙体积更小,水流运移速度更慢[164]。这与 Pils 等[118]、张惠等[139]、Liang 等[117]的研究中不同粒径砂柱中土霉素、磺胺嘧啶的渗流实验结果类似。同时,本小节结果也进一步证明了 NOR 更易被砂土吸附,因吸附量更大,其在砂土中迁移比土霉素等更慢[118]。但是,NOR 在中砂和细砂中穿透时间差异性没有土霉素显著。此外,两种介质最终出水中的 NOR 浓度均低于初始浓度 10.00mg/L,$C/C_0<1$,说明在此过程中砂土的吸附位点实际上并没有达到饱和。此外,本节砂柱渗流实验在室内模拟条件下进行,人工填充的砂柱较为均匀,土壤结构单一,与实际包气带土壤相比,各种自然环境因素影响下的土壤结构和性质更加复杂,形成较大孔隙或松动[165]。所以,模拟更符合实际环境的包气带土层将有助于污染物迁移转化、分布规律和最终去向等方面问题的研究。

　　渗流实验结束后,对不同深度土层中的 NOR 浓度(C_{NOR})及分布进行了考察,结果如图 3-22 所示。大部分 NOR 滞留在表层土壤中,这与 Han 等所研究的喹诺酮类抗生素氧氟沙星、环丙沙星的入渗模拟结果类似[108],与罗芳林研究的耕地土、果园土相比,本书采用的砂土对 NOR 的吸附量更小,对 NOR 的截留效果较差[116]。在细砂 15cm 土层中 NOR 浓度约为 28.81mg/kg,中砂中约为 26.40mg/kg,粗砂中约为 25.00mg/kg。砂柱各剖面点上 NOR 浓度差值的波动程度由强至弱依次为细砂>中砂>粗砂,表明随着砂粒粒径的增大,NOR 的迁移程度越明显。具体来说,细砂的截留能力显然强于中砂和粗砂。整体来看,随着土层深度的增加,NOR 浓度逐渐下降,在细砂中这一现象尤为明显,在 60cm 深度土层中 NOR 浓度约为 11.08mg/kg。值得注意的是,粗砂 60cm 和中砂 45cm 深度处出现与连续下降不一致的情况,这可能是因为砂柱中存在脱附现象。具体来说,最初存在于表层被污染砂土中的 NOR 被释放出来,下渗吸附于更深层的砂土颗粒表面,导致砂柱深层反而出现随着深度的增加 NOR 浓度增加的现象。综上所述,包气带含水介质粒径与抗生素迁移性呈正相关关系[107]。

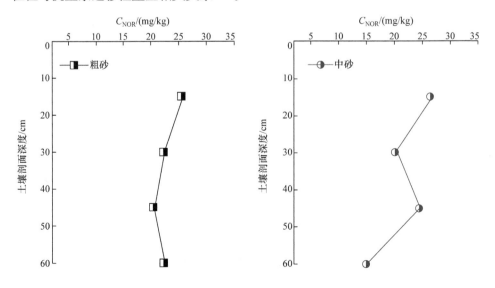

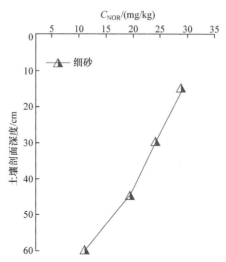

图 3-22　不同粒径砂土不同深度土壤剖面 NOR 浓度变化

3.4　包气带中抗生素的迁移模拟

虽然地下水比地表水更不容易受到抗生素的污染，但相关研究已经在地下水中检测出许多抗生素残留物[166,167]。目前，氟喹诺酮类抗生素迁移中 Hydrus-1D 软件的应用仍较为缺乏。针对这一研究现状，本节在 3.3 节静态吸附实验和室内砂柱渗流实验的基础上，利用 Hydrus-1D 软件首先采用 Richards 方程模拟水流运动，选择最常用的 van Genuchten 模型来处理水分特征曲线。其次，对示踪剂 Cl⁻和模拟污染物 NOR 在砂柱中的迁移情况进行模拟，进行数据反演确定相关参数，对模型可靠性进行验证。最后，概化包气带，建立数学模型，预测 NOR 污染持续泄漏和瞬时泄漏对地下水的长期影响，讨论 NOR 在包气带土层中的垂直分布，以期为包气带中 NOR 瞬时渗漏运移预测提供数据支持。

3.4.1　模型选择

1. 水分运移模型

完成室内砂柱实验后，在 Hydrus-1D 软件中首先使用经典 Richards 方程模拟一维水流运动[97,168]，其公式如下：

$$\frac{\partial \theta}{\partial t} = \frac{\partial}{\partial z}\left[K\left(\frac{\partial h}{\partial z} + \cos \alpha \right) \right] - S \tag{3-5}$$

式中，h 为压力水头，cm；θ 为体积含水率，cm³/cm³；t 为模拟时间，min；S 为

源汇项；α 为水流方向与纵坐标的夹角(本书认为水流为一维连续垂向入渗，故 $\alpha = 0$)；z 为空间位置，cm；K 为非饱和渗透系数函数，cm/min；可由式(3-6)计算得到：

$$K(h,x) = K_s(x)K_r(h,x) \tag{3-6}$$

式中，K_s 为饱和渗透系数，cm/min；K_r 为相对渗透系数，量纲为 1。

选用 van Genuchten 模型来处理水分特征曲线[97,110]，其公式如下：

$$\theta(h) = \theta_r + \frac{\theta_s - \theta_r}{[1+(ah)^n]^m}$$

$$K(h) = K_s \frac{\left\{1-(ah)^{n-1}\left[1+(ah)^n\right]-m\right\}^2}{[1+(ah)^n]^{m/2}} \tag{3-7}$$

式中，θ 为体积含水率，cm³/cm³；h 为压力水头，cm；θ_s 为饱和含水率，cm³/cm³；θ_r 为残余含水率，即田间持水量，cm³/cm³；a 为拟合参数，cm⁻¹；n、m 为拟合参数，其中 $m=1-1/n$，量纲为 1；$K(h)$ 为非饱和渗透系数，cm/min；K_s 为饱和渗透系数，cm/min。

2. 溶质运移模型

溶质运移模型采用经典的对流-弥散方程(CDE)[169]描述溶质运移过程：

$$\frac{\partial c}{\partial t} = D\frac{\partial^2 c}{\partial z^2} - v\frac{\partial c}{\partial z} - \frac{\rho}{\theta}\frac{\partial s}{\partial t} \tag{3-8}$$

式中，c 为溶质液相浓度，mg/L；s 为溶质固相浓度，mg/g；D 为弥散系数，cm²/min；ρ 为容重，g/cm³；z 为空间位置，cm；v 为达西流速，cm/min；θ 为体积含水率，cm³/cm³；t 为时间，min。

本书采用的示踪剂 Cl⁻为非反应性物质，吸附几乎为零，因此式(3-8)中 $\frac{\partial s}{\partial t}=0$，此时 CDE 化为

$$\frac{\partial c}{\partial t} = D\frac{\partial^2 c}{\partial z^2} - v\frac{\partial c}{\partial z} \tag{3-9}$$

可利用该方程估算垂向弥散度 α_L。

利用非平衡两点吸附模型(two-site adsorption model，TSM)模拟 NOR 的迁移过程，假定砂土表面存在两种吸附位点，一种是瞬时吸附位点，另一种是动力学吸附位点。该模型表达式[170]如下：

$$\frac{\partial c}{\partial t} = D\frac{\partial^2 c}{\partial z^2} - v\frac{\partial c}{\partial z} - \frac{\rho}{\theta}\frac{\partial S_1}{\partial t} - \frac{\rho}{\theta}\frac{\partial S_2}{\partial t} \tag{3-10}$$

$$\frac{\partial S_1}{\partial t} = f k_d \frac{\partial c}{\partial z} \tag{3-11}$$

$$\frac{\partial S_2}{\partial t} = a_2 (1-f) k d_d - S_2 \tag{3-12}$$

式中，f 为吸附平衡时瞬时吸附位点所占比例；a_2 为一阶吸附速率常数，1/min；k_d 为吸附平衡常数，L/kg；S_1 为 1 类吸附位点吸附量，mg/kg；S_2 为 2 类吸附位点吸附量，mg/kg。

根据溶质运移方程，确定模拟的初始条件和边界条件如下：

初始条件为

$$c(z,0) = 0, 0 \leqslant z \leqslant L, t = 0 \tag{3-13}$$

上边界条件为

$$-\theta D \frac{\partial c}{\partial z} + q_s c = q_s c_s(t), z = 0, t > 0 \tag{3-14}$$

下边界条件为

$$c(z,t) = c_b(t), t > 0 \tag{3-15}$$

式中，L 为土柱高度或包气带厚度，cm；$c(z,0)$ 为初始条件剖面污染物浓度，mg/L；q_s 为污染物流量，cm/min；c_s 为上边界污染物浓度，mg/L；c_b 为下边界污染物浓度，mg/L。

3.4.2　参数确定

1. 土壤水力特性参数确定

土壤水力特性参数反映土壤孔隙状况和含水量之间的关系，因此研究包气带污染物运移状况，首先要明确土壤水力特性参数。参考《地下水污染模拟预测评估工作指南(试行)》，通过 Hydrus-1D 软件中的神经网络预测功能获取土壤水力特性参数见表 3-8。

表 3-8　不同砂土水力特性参数

介质	θ_s/(cm³/cm³)	θ_r/(cm³/cm³)	a/cm⁻¹	n	K_s/(cm/min)	l
粗砂	0.43	0.045	0.145	2.68	0.081	0.5
中砂	0.41	0.057	0.124	2.28	0.062	0.5
细砂	0.41	0.065	0.075	1.89	0.025	0.5

注：l 为反映土壤孔隙连通度的经验常数。

利用软件水流运移(Water Flow)模块对水流运移进行模拟,选定 van Genuchten 模型来处理水分特征曲线。模型中将土壤水流模型概化为均质各向同性饱和一维垂向稳流,上边界选用定压力水头(constant pressure head)边界条件,下边界选择自由排水(free drainage)边界条件。将表 3-8 作为初始参数,只运行水流模型得到天然状态下砂柱的初始流场,利用压头稳定时各节点处的压头作为溶质运移模块(Solute Transport)的初始流场。

2. 溶质运移参数确定

Hydrus-1D 软件模型模拟中参数的确定与校准至关重要,一般需要通过正演和反演两个过程[95]。正演是指利用前期基础实验得到的参数及经验值,将这些参数输入软件后对迁移过程进行正向模拟,在此过程需要不断地调参使得模拟更贴近实验数据;反演则是利用正演获得的优化参数借助软件中的 Inverse Solution 模块进行参数反算。

本节运用实验室实测 Cl⁻穿透曲线数据,在 Hydrus-1D 软件中进行正演和反演,为后续 NOR 运移模拟提供基本参数。主要运用到 Water Flow 模块和 Solute Transport 模块,其中溶质运移模块选择 Standard Solute Transport。

根据一维弥散实验数据模拟 NaCl 连续入渗的情形,对 Solute Transport 模块进行设置,上边界设定为恒定浓度边界(concentration flux boundary condition),下边界设定为零浓度梯度边界(zero concentration gradient condition)。实验中,忽略砂土对 Cl⁻吸附的影响,即不存在物理非平衡现象,所以溶质运移模型选择 Equilibrium Model[171,172]。正演过程中在软件中需要进行参数设置,包括土壤水力特性参数(渗透系数 K_s、a、n、θ_s),具体参考见表 3-8。溶质运移参数(溶质在自由水中的分子扩散系数 D_w),根据经验公式 $D_w=(2.71×10^{-4})/M^{0.71}$ 进行计算,式中 M 为溶质的摩尔质量[173]。

以实验测得的参数作为初始值,对 NaCl 运移进行正向模拟后,结合 Inverse Solution 模块反推参数,在主菜单中勾选 Inverse Solution 模块,在 Inverse Solution 对话框中勾选 Solute Transport Parameters 及 Flux Concentrations,在 Water Flow Parameters 对话框选中 K_s,在 Solute Transport and Reaction Parameters 对话框中选中 α_L,在 Data For Inverse Solution 对话框中输入实测值。运行程序对 K_s 和 α_L 进行反算,不断调试后得到和实验数据拟合度较高的模拟曲线。图 3-23 为 Hydrus-1D 软件反演后得到的 Cl⁻浓度模拟曲线和实测值对比图,可见模型拟合结果与室内实验实测值接近。最终反演优化后的参数如表 3-9 所示,R^2 均在 0.9400 及以上,均方根误差均小于等于 0.089,说明模型拟合较好,其拟合得到的参数可用于后续 NOR 在包气带中迁移行为的数值模拟。

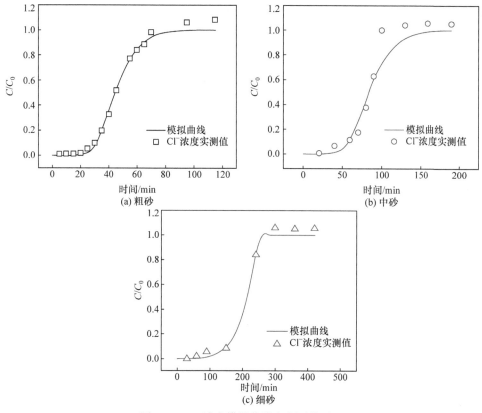

图 3-23　Cl⁻浓度模拟曲线和实测值对比

表 3-9　Cl⁻迁移模拟相关水力特性参数

介质	α_L/cm	K_s/(cm/min)	R^2	RMSE
粗砂	3.65	0.197	0.9900	0.021
中砂	2.01	0.145	0.9400	0.089
细砂	1.42	0.073	0.9900	0.030

3.4.3　模型验证

建立砂柱模拟 NOR 连续入渗情况的模型，Water Flow 模块上边界选用定压力水头(constant pressure head)，下边界选择自由排水(free drainage)。Solute Transport 模块设置上边界为恒定浓度边界(concentration flux boundary condition)，下边界设定为零浓度梯度边界(zero concentration gradient condition)。不同的是，溶质运移模型选择非平衡两点吸附模型(two-site adsorption model condition)。综合前期的土壤水力特性参数(表 3-8)、一维弥散实验反演得到的土壤水力特性参数

(表 3-9)，以及吸附实验测得的吸附参数进行参数的设置，对 NOR 迁移进行正向模拟，调参使模拟曲线尽可能靠近实验数据。运用 Inverse Solution 模块进行反算，最终得到 NOR 浓度模拟曲线与实测值对比，如图 3-24 所示。

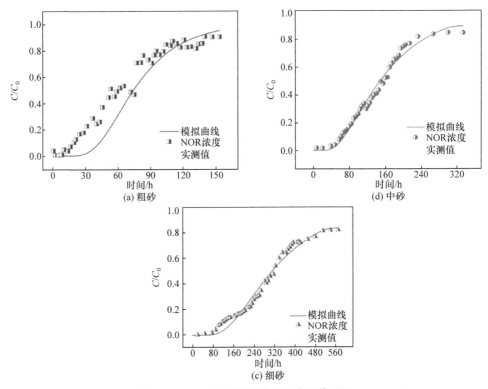

图 3-24　NOR 浓度模拟曲线和实测值对比

对比软件模拟值和 NOR 浓度实测值，发现模型模拟和实际情况相符，如表 3-10 所示，粗砂模拟穿透曲线拟合的相关系数 R^2 为 0.9400，细砂和中砂均为 0.9800，且 RMSE 均在 0.0550 及以下，证实了软件能够较好地模拟目标污染物 NOR 在砂土中的吸附穿透曲线。包气带含水介质阻隔的时间根据含水介质粒径的不同有所差别。从图 3-24 可以看出，粗砂中 NOR 穿透速度最快，且最大浓度高于中砂、细砂出水。这是因为相对而言粗砂渗透性更强，污染物 NOR 穿透的时间会更短，更快到达含水层，进而污染更大区域[97]。由表 3-10 NOR 迁移模拟相关参数可知，粗砂和中砂模拟得到的 K_d 值与静态吸附实验接近，而细砂模拟所得到的 K_d 值比吸附实验计算的 K_d 值大，说明在迁移过程中细砂对 NOR 的吸附能力更强。可能是因为等温吸附实验接触时间为 24h，在细砂渗流实验中经过更长时间的接触，共存的 Ca^{2+} 以架桥的方式连接吸附剂细砂和吸附质 NOR，从而促进吸附。

表 3-10　NOR 迁移模拟相关参数

介质	K_d/(L/kg)	R^2	RMSE
粗砂	14.18	0.9400	0.055
中砂	19.80	0.9800	0.022
细砂	75.24	0.9800	0.023

3.4.4　包气带中抗生素迁移预测

1. 模型概化

利用反演模拟得到的相关参数,对模拟包气带中 NOR 的迁移进行预测,以考察持续泄漏和瞬时泄漏可能对地下水产生的污染风险。假设该研究区从未被目标污染物 NOR 污染,且研究区不受外界其他因素干扰。简化包气带土层,且暂未考虑粉砂层和黏土层。根据粒径大小分布,概化包气带为两层,从地表往下分别为粗砂层 18cm、中砂层 80cm、细砂层 82cm,包气带埋深 180cm,模型剖面图如图 3-25 所示。假设包气带各层的介质均匀分布,不考虑降雨、蒸发等因素,忽略含水介质中的水汽运动。假设整个迁移模拟过程中温度是恒定的。在此基础上,建立研究区抗生素 NOR 迁移转化模型。在地下水埋深处(地表以下 180cm 处)设置一个观测点,如图 3-26 所示。

图 3-25　模型剖面图

图 3-26　观测点布置图

包气带水流概化为垂向一维流,沼气池发生事故性泄漏,污染物随着水流不断渗入包气带。Hydrus-1D 软件模拟只考虑一维垂直迁移,因此模型只有上下边界,上边界为沼气池底部,下边界为潜水面。上边界选用定压力水头(constant pressure head),下边界也选择定压力水头。模型初始条件为整体饱和状态,即初始含水率为饱和含水率,具体参考表 3-8 和表 3-9 中的水力特性参数。首先进行模拟包气带水流运移进行模拟，仍然选定 van Genuchten 模型来处理水分特征曲线。运行得到包气带初始流场，压头稳定时各节点处的压头作为模拟预测时溶质运移(Solute Transport)模块的初始流场。

2. 持续泄漏

假设研究区含 NOR 的养殖粪污排放进沼气池后，沼气池底部防渗系统老化导致泄漏，且长期没有对其进行维修[174]。假定事故持续发生 365d，污染浓度为1.00mg/L，预测时间节点为事故泄漏发生后 30d、60d、150d、270d 和 365d。水流模型上边界为地表养殖废水沼气池，为定压力水头(constant pressure head)，设定为 20cm。下边界为含水层水面，也为定压力水头。溶质运移模型上边界为恒定浓度边界(concentration flux boundary condition)，设定浓度为 1mg/L，下边界为零浓度梯度边界(zero concentration gradient condition)。脉冲时间(pulse duration)设定为 20d。

含水层观测点的污染物浓度随着时间的变化，即 NOR 持续泄漏穿透曲线如图 3-27 所示，在事故发生的最初 150d 中，地下水中并未出现 NOR。随着时间推移，污染下渗深度逐渐增加。持续泄漏 150d 后，NOR 抵达潜水表面，地下水中逐渐开始出现 NOR 污染。在事故持续 165d 时，地下水中 NOR 浓度达到 0.01mg/L。随着时间的继续推移，地下水中 NOR 的浓度逐渐升高，观测 365d 时，NOR 浓度达到最大，包气带含水介质吸附彻底达到饱和，吸附能力已经耗竭，后续一旦再发生污染可能对地下水造成严重影响。虽然包气带的载污能力有限，但污染泄漏事件发生后 NOR 并不会在短时间内穿透包气带，包气带对 NOR 污染迁移起到了明显的阻滞作用。因此，一旦发生泄漏事故，应该立即采取措施，从而降低污染物对包气带和地下水的影响。

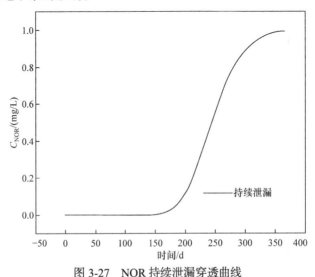

图 3-27 NOR 持续泄漏穿透曲线

图 3-28 为包气带不同深度处 NOR 浓度随时间变化曲线。进入表层土壤中的污染物随着土壤水分运动向下迁移。在 NOR 持续泄漏的第 30d，包气带深度为162cm 以下几乎未受到污染。在观测期内，大多数 NOR 长期被上层砂土吸附，长期聚集于上表层，这与室内实验观测到的结果类似(图 3-22)。随着时间的推移，NOR 污染持续进入包气带，不同深度包气带中残留的 NOR 浓度逐渐升高。在 30d和 60d，NOR 穿过粗砂层后，其浓度在中砂层迅速下降。在 150d 后 NOR 的阻滞主要凭借吸附能力更强的细砂层，对 NOR 污染的阻滞效果更好。污染持续的第365 天，包气带几乎饱和，失去吸附能力，这与图 3-27 一致。自然环境中的包气带土层中还存在粉砂、黏土，因此持续渗漏时 NOR 的穿透时间会进一步推迟。

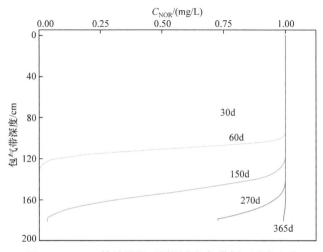

图 3-28　NOR 持续泄漏不同深度包气带剖面浓度变化

3. 瞬时泄漏

假设研究区沼气池底部防渗系统破损导致事故性泄漏，且后续没有其他污染事故发生。假定从发现泄漏到切断污染源并处理完事故的时间为 1d，即以 1d 为瞬时泄漏时间进行计算。假设污染浓度为 1.0mg/L，预测时长为 600d，观测时间节点为事故泄漏发生后 30d、100d、200d、300d 和 400d。水流模型上边界为定压力水头(constant pressure head)，设定为 20cm，下边界也为定压力水头。溶质运移模型上边界为恒定浓度边界(concentration flux boundary condition)，设定浓度为1.0mg/L，下边界为零浓度梯度边界(zero concentration gradient condition)。脉冲时间(pulse duration)设定为 1d。

含水层观测点的污染物浓度随着时间的变化，即 NOR 瞬时泄漏穿透曲线如图 3-29 所示。在模拟包气带中，事故发生 84d 时，地下水中出现 NOR。在事故发生后的第 247 天，地下水中 NOR 浓度达到最大，为 8.36μg/L。随后随着时间的推移，污染开始衰减，600d 后浓度水平很低，但不为零，仍可检测到 NOR 残留。在实际环境中，包气带含水介质还存在阻滞能力、吸附能力更强的粉砂和黏土，而且包气带中还存在微生物促进 NOR 降解，因此 NOR 很难穿透包气带，大部分 NOR 被长期截留在含水介质中。NOR 很难对地下水造成污染，但是会在较长时期对包气带含水介质造成一定污染。因此，应该定期对设备进行检查维修，只要及时切断污染源，就可以避免对地下水的严重污染[175]。

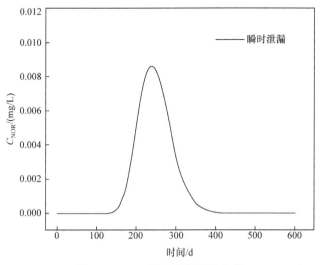

图 3-29　NOR 瞬时泄漏穿透曲线

　　各观测时间点 NOR 污染物的浓度随包气带深度变化情况如图 3-30 所示。进入包气带初期 NOR 污染在上层砂土中富集，峰度值随着时间的推移向下迁移。在污染发生后 30d，粗砂层已无法检出 NOR，这是因为 NOR 在粗砂层中滞留时间短，阻滞作用较小。细砂渗透系数小，迁移速度慢，颗粒比表面积更大，吸附能力更强，所以模拟过程中后期迁移至细砂层的 NOR 污染迅速且更持久地聚集在细砂层。随着地表水补给地下水，经过整个包气带的阻滞作用，进入地下水的 NOR 浓度峰值比初始浓度明显下降。观测 400d 时，NOR 进入地下水的浓度基本为 0。这也说明包气带对污染进入地下水起到显著的缓冲作用，而缓冲作用强弱则取决于包气带厚度、含水介质种类、pH 及 DOM 含量等因素。

　　结果表明，一定浓度的污染物经过瞬时泄漏进入包气带，其引起的污染程度较小，但存在时间仍然较长，300d 后剖面土层中仍可检测到一定浓度 NOR，直到 400d 后剖面土层中浓度才趋近于 0。这是因为 NOR 作为氟喹诺酮类抗生素吸附性强、衰减率低。这一实验结果也在 Zhang 等[176]的研究中得到了进一步证实，该研究对比了四环素类、磺胺类、氟喹诺酮类抗生素的迁移，发现四环素类在含水介质中迅速消散，磺胺类缓慢消散，一段时间后在下层含水介质中无法检测到，但氟喹诺酮

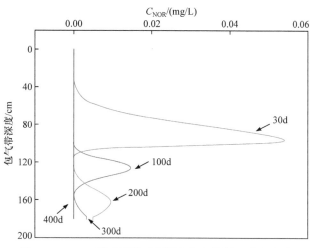

图 3-30　NOR 瞬时泄漏不同深度包气带剖面浓度变化

类抗生素却仍能够在不同深度土层中检测到。综上所述，即使污染源泄漏后被及时发现并切断，能在一定程度上控制污染迁移，但污染物一旦进入土壤，在对流-弥散的作用下，污染物会长久存在于包气带中，造成土壤环境的污染[177]。

3.5　本 章 小 结

(1) 相同条件下单一含水介质中，渗透系数大小为中砂(0.200cm/s)>细砂(0.020cm/s)>粉砂(0.008cm/s)；渗透系数呈现出的规律为对照组渗透系数基本稳定不变，再生水入渗下的含水介质都随时间推移持续减小，并在入渗进行到一定程度时趋于稳定。三种含水介质渗透系数趋于稳定时所用的入渗时间分别为4.15h、8.15h 和 9.00h。含水介质以不同比例掺混后渗透系数随时间变化规律为对照组渗透系数基本稳定不变，再生水入渗下的渗透系数随时间的推移先是保持稳定不变，而后急剧下降到一定程度时缓慢降低，并在入渗后期趋于稳定。随着中砂含量不断减小，细砂和粉砂的含量相对上升，渗透系数由 0.055cm/s(中砂含量为 1/2)下降至 0.027cm/s(中砂含量为 1/6)。当含水介质体积比为中砂：细砂：粉砂分别为3：2：1 和 1：2：3 时，渗透系数衰减率分别为54.55%和68.00%，衰减系数分别为 0.107 和 0.136。砂体粒径组成不同，整体有效粒径发生变化，有效粒径越大，渗透系数就越大。含水介质中含有的细小颗粒在砂柱中会发生迁移，从而造成下游某些孔隙堵塞，引发渗透系数减小。不同排列方式的含水介质渗透系数随时间变化规律为随着入渗的进行，对照组渗透系数基本稳定不变，而再生水入渗下的渗透系数随着时间的推移先是保持稳定不变，而后急剧下降到一定程度时缓慢降低，并在入渗后期趋于稳定。当排列方式为中砂(上)细砂(中)粉砂(下)和粉砂(上)细砂(中)中砂(下)时，渗透系数衰减系数分别为 0.117 和 0.130。当中砂位于最下层时，入渗稳定时含水介质渗透系数明显小于其他两种砂位于底层时的，入渗含水介质沉积结构是影响悬浮颗粒沉积位置的主要因素，不同位置造成的堵塞表现出不同的渗透系数变化规律，说明含水介质剖面结构对其整体渗透性有很大影响。

(2) 回灌过程中，各含水介质的渗透系数随时间都呈现出相同的变化规律：回灌初期"急剧下降"，回灌中途"缓慢减小"，回灌末期"趋于稳定"。说明在回灌初期砂柱内就发生较为剧烈的悬浮物堵塞作用，且为表层堵塞。相同条件下，含水介质粒径决定了悬浮颗粒的通过性，且粒径越大，多孔介质孔隙越大，水流可以较为顺利地通过透水通道，相应的渗透系数就越大；同时，大孔隙也为悬浮物提供了较为大的附着空间，因此回灌进行到同一时间时，粒径较小的介质堵塞情况较为严重，堵塞程度相同时，粒径较大的介质需回灌更长的时间。相同条件下，回灌过程中，含水介质发生堵塞的程度受回灌水所含悬浮物浓度的影响。悬浮物浓度越大，则堵塞作用越严重，并且堵塞类型多为表层堵塞。悬浮物颗粒在回灌初期便沉降在含水介质的表层，阻挡了悬浮物后续向下迁移，因此其对砂柱深部的渗透性影响程度较为微弱。

(3) 在水动力学特征以及物理化学作用的影响下，目标污染物 NOR 在不同的含水介质中迁移各有不同。本章研究了三种不同的含水介质对 NOR 的吸附动力学和吸附等温规律，利用室内砂柱实验探究了不同的含水介质中 NOR 的迁移行为。吸附动力学实验表明，平衡吸附量的大小顺序为细砂>中砂>粗砂。利用准一级动力学模型、准二级动力学模型及 Elovich 模型对 NOR 动力学实验数据进行拟合。结果表明，准二级动力学模型(R^2 为 0.9700～0.9800)和 Elovich 模型(R^2 为 0.9800～0.9900)对数据的拟合效果更好，说明 NOR 在砂土上的吸附是存在非均相扩散、物理吸附和化学吸附的复合吸附过程。采用线性模型、Freundlich 模型、Dubinin-Radushkevich 三种模型对 NOR 吸附等温线进行拟合，发现砂土对 NOR 的吸附以分配作用为主，静电作用被认为是影响分配过程的关键。在一维弥散实验中，Cl^- 在粗砂、中砂和细砂中的穿透时间分别为 70min、100min 和 300min，即 Cl^- 在三种介质中的穿透速率为粗砂>中砂>细砂。在 NOR 的穿透实验中，NOR 在粗砂、细砂、中砂中的穿透时间分别为 140h、310h 和 540h，即介质对 NOR 的阻滞行为大小为细砂>中砂。此外，穿透曲线峰值也呈现出粗砂>中砂>细砂，即在 NOR 在细砂中更难发生迁移。

(4) 在室内砂柱实验数据的基础上，应用 Hydrus-1D 软件中的 Inverse Solution 功能进行参数反算，利用 Solute Transport 模块对出水口 NOR 的浓度变化进行数值模拟，发现模拟曲线与实际情况吻合度较高，基本能反映出 NOR 在三种含水介质装填的砂柱中的迁移特征。在此基础上，建立包气带 NOR 持续泄漏和瞬时泄漏模拟预测模型。持续泄漏预测结果发现持续泄漏 150d 后，NOR 抵达潜水表面，地下水中逐渐开始出现 NOR 污染。因此，NOR 并不会在短时间内穿透包气带，只要及时切断污染源，就可以避免对地下水的严重污染。污染发生第 365 天，NOR 浓度达到观测时限内最大，包气带含水介质吸附彻底达到饱和，吸附能力耗竭，后续一旦再发生污染可能对地下水造成严重影响。相比较而言，细砂对 NOR 污染的阻滞效果更好。瞬时泄漏模型结果表明一定浓度的 NOR 污染经过瞬时泄漏进入包气带，且一定时间内没有后续污染出现，污染程度较小，但在包气带中存在时间长，300d 后剖面土层中仍可检测到一定浓度 NOR，直到 400d 后剖面土层中浓度才逐渐趋近于 0。NOR 瞬时泄漏量较少，虽然能够穿透包气带，但是进入地下水的 NOR 浓度很低，且随着时间推移浓度逐渐减为 0。整体来说，包气带对污染物的缓冲作用使得 NOR 很难对地下水造成影响，但是仍会对包气带含水介质造成长期污染。

第4章 矿物对抗生素的吸附行为

4.1 埃洛石的复配改性及其对抗生素的吸附性能

4.1.1 埃洛石概述

1. 埃洛石的化学组成及晶体结构

埃洛石纳米管(halloysite nanotubes，HNTs，简称"埃洛石")是一种天然黏土矿物[178]，在我国储量丰富，于风化岩石和土壤中广泛存在[179]。HNTs 属于高岭石族，通用分子式为 $Al_2Si_2O_5(OH)_4 \cdot nH_2O$，其中 $n=2$(层间距 $d_{001}=10Å$，一层水分子存在于多层高岭石之间)或 $n=0$(层间距 $d_{001}=7Å$，埃洛石可由温和加热/真空环境下失去层间水分子获得)[180]。HNTs 层间水结合较弱，层间水易脱除，由 10Å HNTs 不可逆转地转化为 7Å HNTs，依然保持管状形态[181]。

HNTs 的 Al、Si 原子比为 1∶1，外表面由硅氧烷(Si—O—Si)基团，少量暴露在边缘的铝醇(Al—OH)、硅醇(Si—OH)基团及 HNTs 表面缺陷组成[182]。层间表面和内管腔表面主要是铝醇(Al—OH)基团[183]。HNTs 的晶体是由角共享硅氧四面体和边缘共享铝氧八面体组成的 1∶1 型片层结构[184]。由于铝氧八面体层和硅氧四面体层之间的空间不匹配，位错片状晶体卷曲成管状[185]，结构如图 4-1 所示。HNTs 与其他铝硅酸盐矿物的主要区别在于其独特的纳米管状结构[186]。与高岭石相比，人们对 HNTs 的化学和物理性质知之甚少，这种空心管状结构应用较少，主要用于生产瓷制品和作为聚合物、塑料和其他复合材料的添加剂填料[187]。由于 HNTs 的空纳米管结构，且价格低廉、供应量大，其多功能的潜在应用成为可能[188]。

2. 埃洛石的活化改性

黏土矿物是众所周知的天然低成本材料，其具有化学惰性、良好的生物相容性、高比表面积、大孔体积和机械稳定性，因此广泛应用于农业、工程、地质和环境等领域[189]。我国黏土资源丰富，开发黏土矿物在环境保护领域的应用具有重要意义[190]。天然黏土原矿一般品位较低，杂质含量高，晶体中的部分孔道被杂质堵塞[191]，吸附功能存在一定的限制，对黏土矿物进行活化改性可使其充分发挥吸附功能[192]。主要通过酸改性、热改性、离子交换改性和有机改性等方法[193]对黏土矿物进行活化改性。

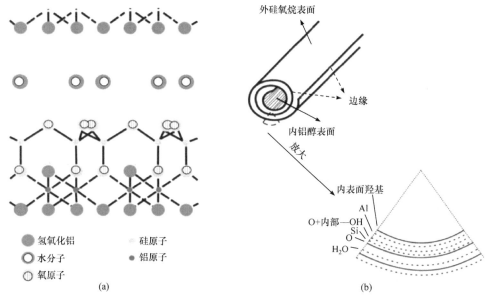

图 4-1　埃洛石晶体结构(a)和埃洛石纳米管结构(b)示意图

　　酸改性是用适量的酸来活化黏土矿物，是常见且简单高效的改性方法。酸改性增加了黏土矿物的比表面积和活性位点，使其吸附能力显著提高和改善。酸改性一方面通过强酸中的 H^+ 置换出了晶体八面体中的 Na^+、Ca^{2}、K^+ 和 Mg^{2+} 等阳离子，晶体中阳离子发生部分溶解，使得结构被部分打通，黏土晶体部分孔道疏通，直径逐步扩大[194]；另一方面，晶体中碳酸盐杂质也溶解在强酸中。酸改性不仅提高黏土矿物的纯度，而且使黏土晶体孔道被打开，微孔比例减少，中孔比例增大。由扫描电镜结果发现，黏土颗粒表面经酸改性后变得粗糙，出现很多孔洞和凹槽，说明通过酸改性能够增大黏土比表面积，增加活性位点[195]。

　　热改性处理使得黏土结构水分子脱去，从而增大黏土比表面积，黏土结构和形态发生改变[196]。热改性可以有效改善黏土的比表面积和孔径。一般热改性黏土的比表面积增加程度和黏土内部孔道的脱水量有关[197]。

　　离子交换改性是晶体结构中八面体边缘的 Mg^{2+} 被具有较强极化能力的金属离子置换出来，从而改变表面活性，增大吸附量[198]。离子交换改性并不能改变黏土矿物比表面积，但能很好保持黏土原有结构，有效避免晶体结构被破坏[199]。

　　有机改性是通过范德瓦耳斯力、氢键、静电作用等物理作用或通过共价键等化学作用将官能团负载在材料表面进行改性。材料的溶解性、分散性、亲水性、疏水性等物理性质及反应性、生物毒性等化学性质，均可以根据特定的表面改性进行调整，从而提高材料的性能[200]。HNTs 多个表面(外表面、层间表面和内管腔表面)均可被改变[201]。当原生 HNTs 被用作聚合物中填充物、污染物吸附剂及活性物载体时，HNTs 仅表现出离子交换、氢键及范德瓦耳斯力等弱亲和力[202]。为改善 HNTs 在上述领域的性能，通常对 HNTs 进行表面改性[200]。

在 HNTs 外表面改性方面，由于 HNTs 外部表面 Si—O—Si 化学活性较低，有机化合物无法直接接枝。在广泛 pH 范围 HNTs 表面均带负电荷，故 HNTs 的外表面性质可以通过吸附某些特定的阳离子来改变。研究证明，HNTs 在 600～900℃ 高温煅烧后，羟基可以部分或完全取代外表面 Si—O，新形成的表面羟基可与 3-氨基丙基三乙氧基硅烷共价接枝[203]。在 HNTs 内管腔表面改性方面，HNTs 内腔表面的铝醇基团对有机硅烷等很多有机化合物具有很高的化学活性，故 HNTs 的表面改性也可以通过在内腔表面共价接枝官能团。Peng 等研究了在管腔表面接枝 3-氨基丙基三乙氧基硅烷对 HNTs 改性，通过 HNTs 的 Al—OH 基团和水解 3-氨基丙基三乙氧基硅烷缩合形成共价 Al—O—C，从而引入一层氨丙基[204]。高比表面积的 HNTs 表面有更高密度的羟基，允许更多有机硅烷的接枝。

3. 埃洛石在废水处理中的应用

天然多孔矿物由于其经济可行性、比表面积大、吸附性能好等众多理想性质，已经成为一种热门吸附剂用于环境污染治理[205]。微孔(孔径<2nm)矿物，如沸石[206]、蒙脱石[207]及硅藻土[208]等大孔矿物(孔径>50nm)均广泛用于去除水溶液中的各种污染物。然而，HNTs 在环境修复的应用一直没有得到太多的重视，直到近几十年才引起人们的关注[187]。之前对 HNTs 关注较少可能是因为 HNTs 被认为是一种对污染物而言活性较低的吸附剂且阳离子交换容量(CEC)与蒙脱石等其他黏土矿物相比较低[187]。随着对 HNTs 结构和性质更深入的研究，发现 HNTs 有利于吸附多种污染物。

在处理重金属离子废水方面，Kilislioglu 和 Bilgin 研究了 HNTs 对水溶液中 U(Ⅵ)的吸附。结果表明，HNTs 对 U(Ⅵ)的吸附是吸热的[209]。Wang 等制备了一种 HNTs-海藻酸钠杂化微珠的模塑材料应用于连续固定床吸附 Cu(Ⅱ)[210]。结果表明，杂化微珠的吸附容量在 Cu(Ⅱ)入口浓度为 100mg/L，床高 12cm，流速 3mL/min 时吸附量达到最大，为 74.10mg/g，且杂化材料在 3 次吸附-脱附循环后依然保留了高吸附量，表现出良好的再生性能。Wang 等应用十六烷基三甲基溴化铵(cetyltrimethylammonium bromide，CTAB)改性 HNTs 去除水中 Cr(Ⅵ)，改性 HNTs 对 Cr(Ⅵ)的吸附速率很快，在 5min 内吸附量接近最大吸附量 90%[211]。Duan 等用 γ-巯基丙基三甲氧基硅烷改性 HNTs 去除 Cr(Ⅵ)，然而，这种材料对 Cr(Ⅵ)的吸附量为 2.79mg/g，吸附量较低[212]。

在处理水中有机污染物方面，HNTs 用于系列染料的吸附均有报道，如亚甲基蓝[213]、中性红[214]、甲基紫[215]等，结果均表明 HNTs 可以作为一种低成本吸附剂有效去除废水中的染料[216]。除了染料外，还研究了 HNTs 对铵[217]和氯苯胺[218]

的吸附情况。对于铵的吸附，由 HNTs、壳聚糖和丙烯酸合成的聚合物具有吸附量高、吸附速率快和良好的可再生性。对于氯苯胺，使用酸活化的 HNTs 作为吸附剂去除水溶液中 3-4 氯苯胺和 3-4 二氯苯胺，该过程为化学吸附。HNTs 与有机污染物发生相互作用主要是通过离子交换作用、表面吸附、螯合作用、化学键合和范德瓦耳斯力等机制[213-218]。

在处理水中抗生素污染方面，Wang 等研究了氧氟沙星在 HNTs 上的吸附，发现质子化氧氟沙星通过静电相互作用吸附在 HNTs 外表面[210]。Dai 等制备了一种高度可控的磁改性 HNTs 核壳杂化纳米材料用于四环素吸附，表现出良好的稳定性和再生性能[219]，使其不仅用于废水处理，在实际应用中也具有其他潜在的用途，如净化生物分子和药物提取[220,221]。

4.1.2 埃洛石吸附前后的表征

1. X 射线衍射和扫描电子显微镜分析

黏土矿物的不同结构和层间环境可能导致 CTAB 和 SDBS 在其层间的排列方式不同。HNTs 的 2θ 为 11.960°，对应层间距为 0.57nm，表明样品为 0.7nm HNTs。CTAB-SDBS 修饰后的 HNTs(C-S-HNTs)2θ 为 11.920°，对应层间距为 0.57nm，如图 4-2 所示。与 HNTs 相比，CTAB-SDBS 修饰后的 HNTs 在 X 射线衍射(XRD)图上并未检测到新的衍射峰，峰的尖锐程度变化不大，同时也没有特征峰的偏移，C-S-HNTs 层间距几乎保持不变，表明 CTAB-SDBS 分子未插入 HNTs 的层间，而是负载在 HNTs 的表面上，C-S-HNTs 修饰后依然保持了 HNTs 初始管状结构。这主要是因为 HNTs 为 1:1 型非膨胀型的黏土，层间可交换性阳离子较少[222]，修饰剂难以进入 HNTs 的层间，使得 CTAB 和 SDBS 主要修饰 HNTs 表面[223-226]。HNTs 的层间内表面 Al—OH 基团被层间强氢键所阻断，大多不可用于接枝[225,226]。

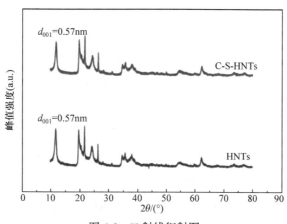

图 4-2 X 射线衍射图

　　HNTs 是含有大量纳米管和少量杂质的团聚体(图 4-3)。HNTs 的长度范围为 0.05～1.50μm，内径为 10～20nm，壁厚为 10～15nm。与 HNTs 相比，有机改性后，C-S-HNTs 仍能观察到中空管状结构，说明 CTAB-SDBS 改性对 HNTs 的管状结构无明显影响。结合 XRD 分析，可以得出 CTAB-SDBS 修饰对 HNTs 的晶体结构和形貌没有影响。

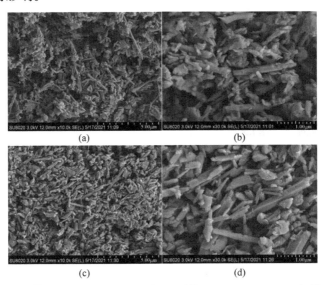

图 4-3　1 万、3 万倍 HNTs[(a)、(b)]和 1 万、3 万倍 C-S-HNTs[(c)、(d)]扫描电镜(SEM)图

　　2. 傅里叶变换红外光谱分析

　　HNTs 在 3000～4000cm^{-1} 仅有两个羟基的吸收峰，分别在 3624cm^{-1} 和 3697cm^{-1} 处(图 4-4)。这两处吸收峰分配给两个 Al$_2$OH 拉伸带，每个羟基和两个 Al 原子相连[227-229]。这两个吸收峰归属于晶体中两种类型的羟基基团：外羟基基团和内羟基基团[230-232]。外羟基基团位于硅氧四面体和铝氧八面体构成的层状结构外部非共享面上[233,234]，而内羟基基团位于硅氧四面体和铝氧八面体构成的层状结构共享面上[235]。3697cm^{-1} 附近吸收带表明羟基与层间 H$_2$O 存在氢键。在低波数 400～2000cm^{-1}，HNTs 主要是 Si—O 和 Al—O 的吸收峰[236]。不同产地和纯度 HNTs 的红外吸收峰略有不同。在中频区波数为 1618～1636cm^{-1} 出现吸附水中羟基弯曲振动带[237,238]，波数为 1037cm^{-1} 处出现 Si—O 的伸缩振动带，以及波数为 914cm^{-1} 处出现的内羟基基团中 O—H 变形引起的振动带[239]。在低频区波数为 682～754cm^{-1} 出现 O—H 的弯曲振动带，波数为 540cm^{-1}、470cm^{-1}、432cm^{-1} 等附近出现 Si—O 弯曲振动带[239,240]。796cm^{-1} 和 750cm^{-1} 的波段可以被分配到 HNTs O—H 单元的 O—H 平移振动[239]。所有这些结论表明，HNTs 结构中存在不止一种类型的水。经过改性，与 HNTs 相比，C-S-HNTs 中出现了两个新的吸收

峰，分别位于波数 2914cm⁻¹、2983cm⁻¹ 附近，这两个吸收峰分别对应—CH₃、—CH₂—的变形振动和伸缩振动[236]，在波数 1537cm⁻¹ 处振动来自 CTAB 的—CH₂—失变振动，表明季铵盐阳离子成功接枝于 HNTs 表面，改性成功。与 HNTs 的光谱相比，C-S-HNTs 的光谱显示内表面 Al₂OH 基团的—OH 拉伸带(3656cm⁻¹)的强度并未降低，这表明改性并没有对内表面 Al₂OH 进行消耗，即在这些基团之间没有发生接枝。其他吸收峰与处理前一致，FTIR 结果进一步说明改性后基本结构并没有发生改变，能很好地保持原有结构，这与 XRD 的结论一致。

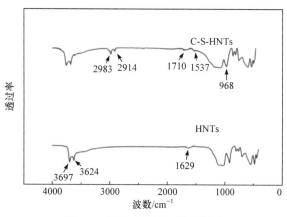

图 4-4　傅里叶变换红外光谱图

3. 比表面积和孔结构分析

作为中空的纳米管状粒子，理论上 HNTs 应具有较高的比表面积，而实际测得 HNTs 比表面积为 27.695m²/g(表 4-1)。这可能是因为 HNTs 表面缺陷较少，其微孔较少。HNTs 的氮气吸附-脱附曲线呈现Ⅳ型吸附行为，且表现出 H3 滞后环，说明材料中存在介孔结构[223]。HNTs 是表面多孔物质，其吸附-脱附曲线及孔径分布见图 4-5。在 3.7nm、16.8nm、50.9nm 处的峰分别对应于 HNTs 的表面结晶缺陷、管内径和 HNTs 管间搭接形成的孔，表明了 HNTs 的多孔性质。

表 4-1　HNTs、C-S-HNTs 的比表面积和孔结构参数

样品	比表面积/(m²/g)	平均孔径/nm	孔体积/(cm³/g)
HNTs	27.695	14.563	0.10400
C-S-HNTs	9.429	42.065	0.00197

值得注意的是，在 CTAB-SDBS 改性之后，HNTs 的比表面积和孔体积都表现出了明显的下降，而平均孔径却有所上升(表 4-1)。比表面积的减小，可能是因为接枝在 HNTs 表面的有机链阻断了一些结构通道，更少的 N₂ 能进入其间。孔体积

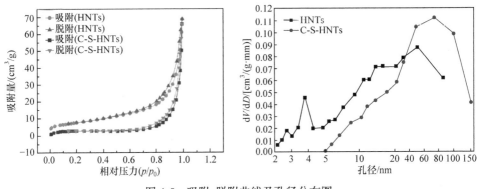

图 4-5　吸附-脱附曲线及孔径分布图
V-孔体积；D-孔径

的减少可能是其外表面的有机物引起的。比表面积减小后，吸附量却增加，这是由于 OTC 摩尔质量为 460.434g/mol，分子空间构型巨大，OTC 无法进入孔内部，HNTs 内部的吸附位点无法利用。改性之后，虽然比表面积减小，但是 CTAB-SDBS 的负载提供的吸附位点增多，所以吸附量增大。另外，改性后的 HNTs 孔径增大的同时也增大了 HNTs 的吸附位点，印证了 C-S-HNTs 对 OTC 的吸附性能优于 HNTs 的实验结果。因此，可以推测，CTAB-SDBS 成功负载在 HNTs 表面但没有进入 HNTs 层间，XRD 和 FTIR 表征同样证明了这一结论。

4. Zeta 电位分析

通过 Zeta 电位可以分析比较表面的电荷特性随溶液 pH 变化的情况，这关系着吸附剂与污染物之间的静电吸附情况。经测试分析可知，HNTs 的零电点 pH 为 3.32，当 pH 大于零电点 pH 时，HNTs 的 Zeta 电位均为负值(图 4-6)，说明 pH 在 3.32~12 时 HNTs 表面均带负电荷，这是因为 HNTs 的表面主要是硅酸盐[224]，在广泛的 pH 范围为负表面电势。经过改性后，C-S-HNTs 在 pH=2 时的 Zeta 电位值为 23.52mV，此时材料表面带有正电荷；在 pH 为 3.0~4.0 出现零电点(对应的 pH 为 3.74)，随后电位全部为负值并逐渐下降，但其 Zeta 电位均小于同等条件下 HNTs 的 Zeta 电位。正电荷的出现表明，CTAB-SDBS 能在强酸性条件下(pH=2)使 HNTs 表面的负电性有所降低。阳离子间的静电相互作用也发挥了一定作用。此外，通过与 HNTs 的 Zeta 电位相比，改性后的 HNTs 均带有较低的负电荷，这与 CTAB-SDBS 的结合减弱了 HNTs 表面的水解作用有关[214]。OTC 分子的 pK_a 为 3.3、7.7 和 9.7[214]，其在不同 pH 条件下以不同离子形式存在，故 HNTs 表面的电性及所带电荷量的不同会影响其对 OTC 的吸附能力。

5. X 射线光电子能谱分析

图 4-7(a)给出了样品特征元素的吸收峰，HNTs 表面都有较强的 O 1s、C 1s、

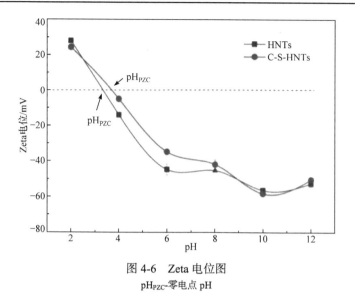

图 4-6 Zeta 电位图
pH$_{PZC}$-零电点 pH

Si 2p 和 Al 2p 等特征峰。经过改性后，在 C-S-HNTs 中发现 C 元素的信号增加，由 20.31%提高至 39.94%，且出现较弱的 N 1s 特征峰，表明 CTAB-SDBS 成功附着在 C-S-HNTs 表面。C-S-HNTs 中 N 1s 的高分辨率 XPS 拟合能谱如图 4-7(b) 所示。在结合能 401.5eV 和 402.4eV 处有两个明显的峰，401.45eV 对应 N—C[237]，质子氨基(—NH$_3^+$)的标准结合能在 400.5～402.5eV 区域[238]，因此 402.4eV 的峰值属于—NH$_3^+$。—NH$_3^+$可能来自 SDBS 通过氢键与 HNTs 表面羟基的相互作用[239]。

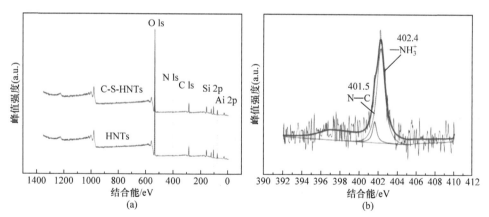

图 4-7 HNTs、C-S-HNTs 的 XPS 全谱图及 C-S-HNTs 的 N 1s XPS 拟合能谱
(a) HNTs、C-S-HNTs 的 XPS 全谱图；(b) C-S-HNTs 的 N 1s XPS 拟合能谱

为进一步确定 C-S-HNTs 和 HNTs 表面元素化合态及其化学位移的变化情况，分别对 C1s、O1s、N1s 进行 XPS 分析。由图 4-8(a)、(b)可知，HNTs 中 C1s 能谱

可拟合为3个峰,结合能284.8eV、286.5eV、288.5eV处分别对应为C—C、C＝O[241]、O—C＝O[242],C-S-HNTs中C1s能谱可拟合为2个峰,结合能284.8eV、286.5eV处分别对应C—C和C＝O。在两个样品中,C—C和C＝O的结合能分别保持在284.8eV和286.5eV,对应长烷基链中的C—C和来自大气吸附二氧化碳的C＝O[240]。与HNTs相比,C-S-HNTs中的C—C对应的峰增强,这是因为表面活性剂会将长烷基链带到HNTs上,284.8eV的信号增加。288.5eV处对应的峰消失,可能与样品中的有机杂质有关,在改性过程中被冲洗掉。图4-8(c)、(d)结合能532.3eV和532.2eV处分别对应硅氧四面体([SiO$_4$])和铝氧八面体([AlO$_6$])。图4-8(c)、(d)中未出现H$_2$O特征峰,说明HNTs为0.7nm HNTs,不含有层间结合水。与HNTs相比,C-S-HNTs[SiO$_4$]和[AlO$_6$]结合能降低了0.23eV,表明[SiO$_4$]和[AlO$_6$]电子密度都增加。结合能的变化小于1eV,证实了HNTs与表面活性剂之间的相互作用较弱。因此,表面活性剂很可能通过静电吸引在HNTs上负载。所有结果均表明HNTs表面存在有机表面活性剂。

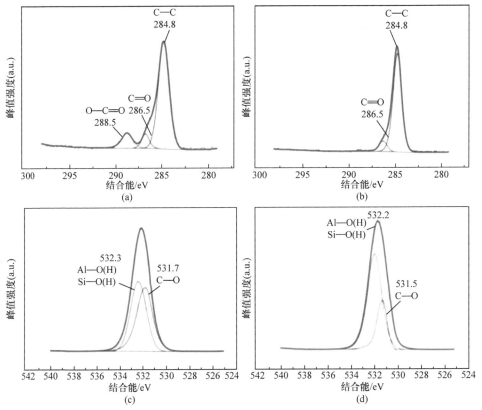

图4-8　HNTs、C-S-HNTs的C 1s XPS拟合能谱图及HNTs、C-S-HNTs的O 1sXPS拟合能谱图
(a) HNTs的C 1s XPS拟合能谱图;(b) C-S-HNTs的C 1s XPS拟合能谱图;
(c) HNTs的O 1sXPS拟合能谱图;(d) C-S-HNTs的O 1sXPS拟合能谱图

4.1.3　埃洛石的复配改性及其吸附性能

1. 吸附动力学

采用阳离子表面活性剂 CTAB 和阴离子表面活性剂 SDBS 制备改性埃洛石。共制备单阳离子改性(C-HNTs)、单阴离子改性(S-HNTs)和阴阳离子复合改性(C-S-HNTs)三类埃洛石,对 OTC 的吸附率依次为 C-S-HNTs > C-HNTs > HNTs > S-HNTs。根据预实验,复合改性 HNTs 的 SDBS 加入量控制为 50%原生 HNTs 的 CEC 恒定不变,此后,加入 CTAB 的量分别为 25%、50%、1.0 倍、1.5 倍、2.0 倍和 2.5 倍原生 HNTs 的 CEC,分别记为 0.25CTAB-0.5SDBS、0.5CTAB-0.5SDBS、1.0CTAB-0.5SDBS、1.5CTAB-0.5SDBS、2.0CTAB-0.5SDBS 和 2.5CTAB-0.5SDBS,共制备得到 6 种 C-S-HNTs。结果表明 0.5CTAB-0.5SDBS-HNTs 对 OTC 吸附效果最好,故本小节选择原生 HNTs 及 0.5CTAB-0.5SDBS-HNTs 进行研究。

如图 4-9 所示,HNTs 和 C-S-HNTs 对 OTC 的吸附量随反应时间的增加逐渐增大。初始的 10h 为快速吸附阶段,两种黏土对 OTC 的吸附都较快,这可能是因为刚开始时 HNTs 和 C-S-HNTs 上存在大量的吸附位点,吸附反应快速进行。在 10~24h 吸附反应以较慢的速率进行并最终达到饱和,24h 时达到最大吸附量,此时 OTC 在 HNTs 上的吸附量与脱附量处于动态平衡状态。为保证吸附反应达到平衡,选定 24h 作为后续实验的吸附反应时间。

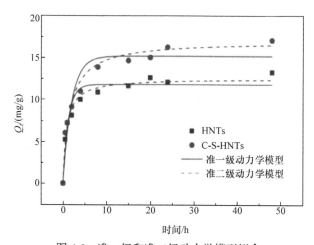

图 4-9　准一级和准二级动力学模型拟合

由表 4-2 吸附动力学拟合参数可知,准二级动力学模型的相关系数 R^2 均为 0.9700,残差平方和(SSR)分别为 0.44 和 0.82,说明实验数据更符合准二级动力学模型,偏离程度很小,这与其他有机化合物,如苯胺、硝基苯等在黏土矿物上的吸附结果一致[227,228],并且拟合出的理论吸附容量 q_e 与实际黏土吸附量相近,因此，说明 HNTs 和 C-S-HNTs 吸附 OTC 过程更符合准二级动力学模型，且 C-S-HNTs 对 OTC 的吸附过程存在化学吸附。周蕾[240]采用 3-氨丙基三甲氧基硅烷改性的 HNTs 分别吸附亚甲基蓝和酸性橙 II，其吸附过程也符合准二级动力学模型，与本小节的结果一致。此外，HNTs 对 OTC 的吸附速率常数(k_2)要高于 C-S-HNTs，可能是因为 HNTs 表面存在一定数量的吸附位点，随着时间的增加，吸附位点在短时间内被完全占据，从而达到饱和，不再继续吸附溶液中多余的 OTC。经过改性后的 C-S-HNTs 表面的吸附位点增多，OTC 与吸附位点结合直至达到饱和需要更长的时间，因此吸附速率常数与 HNTs 相比较小。

表 4-2　吸附动力学拟合参数

样品	准一级动力学模型				准二级动力学模型			
	k_1/min^{-1}	$q_e/(\text{mg/g})$	R^2	SSR	$k_2/[\text{g/(mg} \cdot \text{min)}]$	$q_e/(\text{mg/g})$	R^2	SSR
HNTs	0.87	11.76	0.9100	1.42	0.100	12.570	0.9700	0.44
C-S-HNTs	0.51	15.19	0.9200	2.44	0.036	17.028	0.9700	0.82

考虑到准一级和准二级动力学模型都不能分析 HNTs 和 C-S-HNTs 吸附 OTC 的扩散机制，利用颗粒内扩散模型对实验数据进行进一步的拟合分析。若颗粒内扩散模型拟合成经过原点的一条直线，则整个吸附过程只受内部粒子扩散的影响；如果拟合的直线偏离原点，那么主要是边界层控制吸附过程[229]。由表 4-3 颗粒内扩散模型拟合参数可知，HNTs 和 C-S-HNTs 线性拟合的相关系数分为 0.8530 和 0.8600，说明直线无法很好地拟合，吸附过程不是单纯的一种扩散方式。结合图 4-10 分析，HNTs 的 Q_t 随时间的变化大致分为两个阶段：第一阶段为表面或薄膜扩散过程，OTC 分子从水相中逐渐转移到 HNTs 的外表面上；第二阶段为平衡吸附阶段，此时的吸附量保持相对稳定。C-S-HNTs 对 OTC 的吸附过程与 HNTs 不同，大致可以分为三个阶段：第一个阶段为膜扩散过程；第二阶段为逐渐吸附阶段，OTC 分子通过疏水作用逐渐扩散进入 CTAB-SDBS 在 C-S-HNTs 表面形成的有机相中；第三阶段为平衡吸附阶段。

表 4-3　颗粒内扩散模型拟合参数

样品	拟合公式	$k_p/[\text{mg/(g} \cdot \text{min}^{-0.5})]$	R^2
HNTs	$y = 0.1486x + 6.5964$	0.1486	0.8530
C-S-HNTs	$y = 0.2348x + 6.5711$	0.2348	0.8600

注：k_p 为扩散速率常数。

2. 吸附等温线

HNTs 及 C-S-HNTs 的吸附量随 OTC 溶液初始浓度的增加逐渐增加，直至达到饱和状态(图 4-11)。随着初始浓度的增加，吸附剂与 OTC 分子之间的碰撞概率

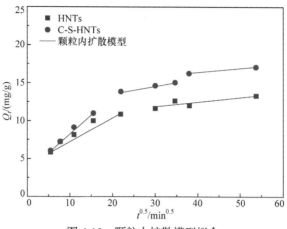

图 4-10 颗粒内扩散模型拟合

也会增加，使得单位质量 HNTs 的吸附量增大。OTC 浓度增加使得 HNTs 的位点逐渐被完全占据，接近饱和位点后吸附量上升缓慢，几乎保持不变。HNTs 和 C-S-HNTs 对 OTC 吸附的实验数据均更加符合朗缪尔(Langmuir)模型(表 4-4)。表明 HNTs 和 C-S-HNTs 对 OTC 的吸附是单分子层均匀吸附[230]，且吸附过程存在化学吸附，OTC 被吸附到 C-S-HNTs 特定且均匀的活性位点上，吸附的过程为一个可逆的过程[231]。吸附常数 K_L 均小于 1，初步判定 HNTs 和 C-S-HNTs 对 OTC 的吸附均属于优惠吸附；另外，HNTs 和 C-S-HNTs 吸附 OTC 的 Freundlich 模型吸附等温线拟合参数 $1/n$ 分别为 0.106 和 0.289，均在 0～1，说明吸附反应容易进行。为进一步了解 HNTs 和 C-S-HNTs 对 OTC 的吸附机制，用 D-R 模型对数据进行拟合。可由吸附自由能 E 来判断吸附机制。由表 4-4 吸附等温线拟合参数可知，C-S-HNTs 和 HNTs 吸附 OTC 的吸附自由能均小于 8kJ/mol，这也就意味着 HNTs 和 C-S-HNTs 对 OTC 的吸附过程存在物理吸附。

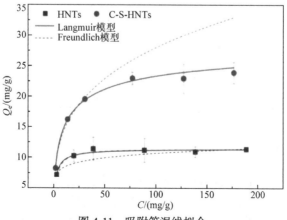

图 4-11 吸附等温线拟合

表 4-4   吸附等温线拟合参数

样品	Langmuir 模型				Freundlich 模型				D-R 模型		
	Q_{max}/(mg/g)	K_L/(L/mg)	R^2	SSR	K_F/{[mg$^{(1-1/n)}$·L$^{1/n}$]/kg}	$1/n$	R^2	SSR	β/(J²/mol²)	R^2	E/(kJ/mol)
HNTs	11.483	0.654	0.9930	0.0822	6.547	0.106	0.9430	0.702	0.782	0.9620	1.228
C-S-HNTs	29.602	0.277	0.9990	0.2510	7.381	0.289	0.9610	18.037	0.754	0.8860	1.251

3. 吸附热力学

根据热力学公式，采用线性回归的方法，得到如表 4-5 所示数据，HNTs 和 C-S-HNTs 吸附 OTC 的过程焓变(ΔH)分别为 41.65kJ/mol 和 27.16kJ/mol，均大于 0，证明吸附 OTC 的过程是吸热反应。吸附过程ΔS均大于 0，这是因为单个 OTC 的体积要比单个 H_2O 分子的体积大，每吸附一个 OTC 会伴随着更多 H_2O 分子的脱附，熵增大于熵减，也说明 HNTs 和 C-S-HNTs 吸附 OTC 后，表面结构发生了改变，体系自由度变大，反应朝着混乱程度增大的方向进行。由表 4-5 可知，C-S-HNTs 吸附 OTC 的过程中ΔG均小于 0，说明此反应是自发进行的，不需要从外界获取能量。在一定程度上，吸附的类型可以通过焓变加以区分[199]，物理吸附的ΔH小于 84kJ/mol，而化学吸附的ΔH在 84～420kJ/mol。但也有文献认为，通常物理吸附的ΔG在−20～0kJ/mol，而化学吸附的ΔG在−400～80kJ/mol[199]。C-S-HNTs 吸附 OTC 的ΔH均小于 84kJ/mol，ΔG均在−20～0kJ/mol，表明 C-S-HNTs 对 OTC 的吸附过程存在物理吸附。另外，准二级动力学方程说明存在化学吸附过程。因此，C-S-HNTs 对 OTC 的吸附应该是物理吸附和化学吸附共同作用的结果。

表 4-5   吸附热力学拟合参数

样品	温度/K	ln$K$	ΔG/(kJ/mol)	ΔH/(kJ/mol)	ΔS/[J/(mol·K)]
HNTs	303	−1.2800	1.3000		
	313	−0.9500	−0.0290	41.65	133.16
	323	−0.6000	−1.3600		
C-S-HNTs	303	−0.0027	−0.0069		
	313	0.3500	−0.9000	27.16	89.65
	323	0.6700	−1.8000		

注：K 为吸附平衡常数。

4. 溶液 pH 的影响

OTC 在不同的 pH 下会呈现不同的形态，因此 HNTs 和 C-S-HNTs 对 OTC 的吸附作用在不同 pH 的环境下是不同的。OTC 是两性抗生素，分子结构中存在酸碱结构的酚羟基和氨基，共有 3.3、7.7 和 9.7 三个解离常数(pK_a)[204]。在不同的 pH

下，OTC 分为 4 个组分：当 pH 小于 3.3 时，酚二酮基团失去 1 个质子，OTC 结构中二甲氨基被质子化，主要以阳离子 OCH_3^+ 的形式存在；当 pH 为 3.3～7.7 时，酚二酮基团失去 2 个质子，OTC 显现两性性质，形成两性离子形态，整体不带电荷，主要以 OCH_2^0 的形式存在；pH 大于 7.7 以后，含甲酰基氨基在内的三碳基团便失去 H+，主要以 OCH^- 和 OC^{2-} 的形式存在[237,238](图 4-12)。从图 4-12 可以看出，C-S-HNTs 吸附 OTC 在 pH 为 3 时吸附容量比较低，吸附量随着溶液 pH 的增大而增加，当 pH 在 5～7 时吸附容量最大，约为 19mg/g，此时 pH 增加吸附量迅速减小，在 pH=10 时其吸附容量只有 2mg/g 左右。这是因为在不同 pH 环境中，黏土矿物表面和抗生素的电荷属性会发生变化。当环境 pH<pH_{PZC}(黏土矿物的零电点 pH)时，黏土表面带正电；当 pH>pH_{PZC} 时，黏土表面带负电。通过 Zeta 电位测试得到 HNTs 的 pH_{PZC} 为 3.34，C-S-HNTs 的 pH_{PZC} 为 3.67。在 pH<3.3 时，OTC 主要以阳离子 OCH_3^+ 形式存在，此时 C-S-HNTs 表面带正电，因此产生排斥作用，但此时体系中还存在部分 OCH_2^0 分子，仍有一定吸附量。溶液 pH 在 5～7 条件下，C-S-HNTs 对 OTC 的吸附性能更强，这是因为 OTC 以 OCH_2^0 分子形式存在，在该区域内 OTC 所带电荷几乎为零，此时黏土矿物与 OTC 之间的静电力几乎可以忽略，OCH_2^0 易通过分配作用与 C-S-HNTs 表面的有机相结合，吸附效果好且不易受pH 的影响。有研究认为此时的高吸附量可能还与其他作用有关，如络合作用[232]。由图 4-12 可知，在 pH 为 5 时，C-S-HNTs 吸附量达到最高，这是因为当 pH=5.5时，OCH_2^0 达到最大比例。随着溶液 pH 的增加，溶液中的 OTC 主要以 OCH^- 和 OC^{2-} 阴离子的形式存在，且随着 pH 增大，体系中 OTC 以阴离子形式存在的比例越来越多，此时 HNTs 和 C-S-HNTs 均带负电荷，因此产生排斥作用，吸附量随着 pH 的增大而减少。

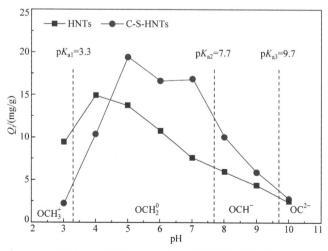

图 4-12　溶液 pH 对 OTC 吸附效果的影响

4.1.4　吸附机制分析

经过阴离子、阳离子表面活性剂复配改性得到的吸附材料 C-S-HNTs，不仅保持了 HNTs 本身具有的吸附优势，还通过表面活性剂的修饰作用进一步提高了其对 OTC 的吸附能力。一方面，改性剂的加入使 HNTs 吸附 OTC 的分配作用有所增强；另一方面，阴离子、阳离子表面活性剂的负载，很大程度上丰富了 HNTs 表面的官能团，创造了更多的活性吸附位点，表面吸附作用的增强同样提高了其吸附能力。

(1) 分配作用：结合 XRD 和 FTIR 分析可得，CTAB 和 SDBS 成功负载在 HNTs 外表面，从而改变了 HNTs 的外表面性质。C-S-HNTs 对 OTC 的吸附机制如图 4-13 所示，CTAB 和 SDBS 通过疏水端结合形成混合胶束，CTAB 带正电荷的季铵盐端与 HNTs 带负电的外表面结合，CTAB-SDBS 一方面中和 HNTs 外表面部分负电荷，另一方面增加 HNTs 表面有机相，为 OTC 吸附提供良好的有机分配介质，提高了 OTC 在 HNTs 表面的"溶解"能力，有利于 OTC 从水相转移到 C-S-HNTs 的有机相上而发生吸附(图 4-13①)。

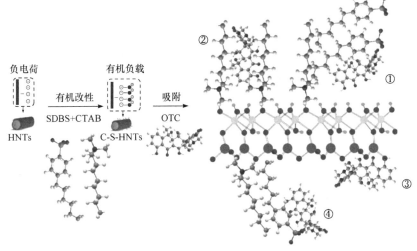

图 4-13　C-S-HNTs 对 OTC 的吸附机制示意图

(2) 表面吸附作用：OTC 属于两性抗生素，共有 3.3、7.7 和 9.7 三个解离常数(pK_a)。在不同的 pH 条件下，分别以阳离子 OCH_3^+、两性离子 OCH_2^0、阴离子 OCH^- 和 OC^{2-} 等多种形式存在。HNTs 表面带有较多的负电荷，CTAB 季铵盐 N 端带正电，SDBS 亲水端含有带负电的磺酸极性基($R—SOH_3^-$)，以各种形式存在的 OTC 均能通过静电作用与 C-S-HNTs 结合(图 4-13②③)，从而增大吸附能力。有研究者发现，用 3-氨丙基三甲氧基硅烷改性的 HNTs 对酸性橙Ⅱ的吸附存在静电吸引作用[218]，改性后吸附量也明显提高，这与本节的结果一致。此外，OTC 上的羟基可以与 SDBS 上的磺酸基相互作用形成氢键(图 4-13④)。Yuan 等利用 γ-氨基丙基三乙氧基硅烷对 HNTs 进行改性用于染料吸附，也发现改性处理提高了 HNTs 表面的有机亲和性[208]。

4.2　海泡石对抗生素的吸附

4.2.1　海泡石概述

1. 海泡石的组成、结构及性质

我国矿产资源非常丰富，共有 54 处海泡石产地，已探明的海泡石矿产储量超过 2600 万 t，约占世界储量的 30%[243]。海泡石(sepiolite)是典型的含水镁硅酸盐黏土矿物，属于斜方晶系和坡缕石族[244]，其结构特征如图 4-14 所示。海泡石结构可分为三层，上下两层是连续的硅氧四面体结构，中间的一层是不连续的镁氧八面体结构，每 6 个硅氧四面体顶角相反，通过四角的公共氧原子相互联结形成 2∶1 的层状结构，上下层相间排列与键平行，截面约为 0.38nm×0.94nm 的孔道，水分子和可交换的阳离子，如 K^+、Na^+、Ca^{2+}等位于其中[245]。海泡石的一系列孔道分为两种类型：一是外部孔道(tunnel)，孔道表面上分布着化学性质活泼的 Si—OH；二是内部孔道(channel)，包括微细孔道和孔隙，其中孔隙存在微孔、中孔和大孔，有较广的孔径分布[246]。海泡石这种特殊孔道结构使其具有巨大的比表面积与多孔结构，以及强的分子筛功能和吸附能力[247]。研究表明，海泡石吸附有 3 种不同类型吸附活性中心：①硅氧四面体中的氧原子；②在镁氧八面体的侧面与镁离子形成配位键的水分子；③因 Si—O—Si 键破裂而在硅氧四面体表面形成的 Si—OH 离子团。这些活性中心为海泡石物理吸附及其化学吸附提供了有利条件，提高了海泡石的吸附能力[248]。

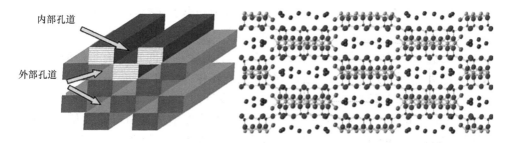

· Si　· Mg　· O　· —OH
· 内部孔道中的水　· 协同水

图 4-14　海泡石的结构特征

2. 海泡石的活化改性方法

　　未经处理的原生海泡石吸附功能存在一定的限制，通过对海泡石进行活化改性可使其充分发挥吸附功能[249]。海泡石活化改性的方法有酸改性法、离子交换法、水热处理法、焙烧法、有机金属配合物改性法、矿物改性法等[250]。

　　国内外学者研究表明，通过以上方法活化改性后的海泡石比表面积增大，吸附性能增强，离子交换容量增大[251]。例如，王亮等发现海泡石经硫酸/焙烧法改性后，对亚甲基蓝的吸附量比改性前提高 47.8%[249]；张才灵等研究表明十六烷基三甲基溴化铵改性海泡石对 Pb^{2+} 的吸附不受初始浓度的影响，吸附率提高了 50%，pH 适应范围也得到了提高[251]；刘崇敏等用过氧化氢对海泡石改性，改性后海泡石最大 Pb^{2+} 吸附量比天然海泡石提高了 43.5%[250]。张高科等研究显示，天然海泡石经酸活化处理后，比表面积由 $36.1m^2/g$ 提高到了 $116.8m^2/g$，增大了近 2 倍[252]。陈昭平等的研究发现，用 15% HCl 处理海泡石 48h 后，海泡石比表面积由未处理时的 $204m^2/g$ 增大到 $554m^2/g$[253]。

3. 海泡石在废水处理中的应用

　　海泡石因其独特的晶体结构形式，具有较好的流变、阻燃、吸附和催化等特性，这些特性使它在石油、化工、农业、环保、医药、冶金等领域具有很广泛的应用前景[248]。海泡石特殊的晶体结构和巨大的比表面积使其具有很强的吸附性，在废水治理领域应用十分广泛[254]。

　　在处理重金属离子废水方面，Kara 等研究发现，经过酸改性后的海泡石对 Pb^{2+}、Cu^{2+}、Cd^{2+} 的吸附量与原生海泡石相比有明显提高，其对重金属的吸附主要通过离子交换[254]；杨胜科等研究发现，利用 Fe^{3+} 改性后的海泡石吸附饮用水中 As^{3+} 的性能高于原矿，可用来代替硫化物、铁盐等材料，单次处理后即可达到国家饮用水标准[255]；金胜明等用 HCl 溶液对海泡石进行酸活化，继而在高温 420℃ 下焙烧处理，发现改性后的海泡石对 Mn^{2+}、Pb^{2+}、Ni^{2+}、Hg^{2+} 等 10 种重金属离子具有一定的吸附能力[256]；李松军等发现，酸处理和离子交换后的海泡石对印染废水中的微量金属离子，如 Cd^{2+}、Cu^{2+}、Zn^{2+} 和 Ni^{2+} 等均表现出一定的吸附效果[257]。在处理无机非金属废水方面，Balci 发现海泡石对废水中的 NH_4^+ 有很好的吸附效果，去除率达到 90%，废水中约 60% 的氮被转化为无毒物质[245]。Rytwo 等通过对原生海泡石进行热活化和酸活化改性，发现改性后的海泡石对某些单阳离子染料的脱色能力比原生海泡石有大幅度的提高[258]。在处理有机废水方面，杨斌彬[259]、Donzalez-Pradas 等 [260] 和 Ozturk 等[261]分别用水热处理法、酸改性法和有机金属配合物改性法对海泡石进行处理，发现其对苯乙烯、氯苯和林丹有良好的去除效果。

4.2.2 单一及复配改性海泡石的吸附性能筛选

图 4-15 为不同海泡石对 OTC 的去除效果，由图 4-15 可知：①单阳离子改性海泡石对水中 OTC 的吸附能力比原生海泡石强，并且随着阳离子表面活性剂十六烷基三甲基溴化铵(CTAB)用量的增加，有机海泡石对 OTC 的吸附能力逐渐提高，直到增加至 2.5 倍的 CEC，吸附性能不再增强。②单阴离子改性海泡石对水中 OTC 的去除率与 SDBS 加入量几乎无关，相比于原生海泡石其吸附效果略有下降，即阴离子表面活性剂十二烷基苯磺酸钠(SDBS)对海泡石没有起到正向改性作用。③阴-阳离子复合改性海泡石对 OTC 的吸附能力大于相应的单阳离子改性海泡石。并且，当固定阴离子表面活性剂浓度时，阴-阳离子海泡石对 OTC 的吸附能力随加入阳离子表面活性剂浓度的增加而增大。例如，150CTAB/30SDBS 阴-阳离子海泡石吸附水中 OTC 的程度大于 150CTAB 单阳离子海泡石。且当阳离子改性剂达到海泡石 CEC 的 1.5 倍时吸附效果保持不变。综上可知，对水中 OTC 的去除率为阴-阳离子海泡石>单阳离子海泡石>原生海泡石>单阴离子海泡石。

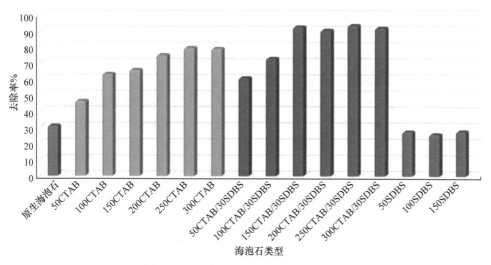

图 4-15 不同海泡石对 OTC 的去除效果

对海泡石进行单阳离子改性，去除率随改性剂加入量的增加不断提高，直至保持不变，可能是因为 CTAB 改性海泡石存在以下几个过程：当 CTAB 加入量小于或等于海泡石 1.0 倍 CEC 时，主要作用机制为阳离子交换吸附，有机阳离子取代海泡石层间可交换的阳离子；当加入的 CTAB 的量为海泡石的 1.0～2.5 倍 CEC 时，可通过疏水键作用再次吸附溶液中多余的表面活性剂；当加入的 CTAB 大于 2.5 倍 CEC 时，吸附量不再随表面活性剂的增加而变化，CTAB 在海泡石上发生有序化聚集，达到饱和吸附，CTAB 作为长碳链表面活性剂，可以在海泡石表面创造出一个好的分配环境，使有机物"溶解"在其形成的有机介质中。

对海泡石进行单阴离子改性效果不明显，可能是因为海泡石晶格中的"类质同晶置换"，Si^{4+} 可能被 Fe^{3+} 代替，Al^{3+} 可能被 Mg^{2+} 代替，其表面表现出恒定的负电性；另外，海泡石端面的 Si—O—Si、Al—OH 在水溶液中会发生断裂或水解使其带负电。SDBS 为阴离子表面活性剂，它们之间产生的静电排斥作用不利于 SDBS 负载在海泡石上。此外，还有研究表明，较低负载量的阴离子表面活性剂无法进入黏土层间，仅负载在黏土的外表面[262]。阴离子表面活性剂的加入降低了有机膨润土的表面吸附能力。

阴-阳离子海泡石对水中 OTC 的去除效果最好，可能是因为进入海泡石层间的阳离子表面活性剂 CTAB 通过静电吸附作用把阴离子表面活性剂 SDBS 吸附进海泡石层间，SDBS 的 C—H 键可与海泡石层间非极性较强的质点产生范德瓦耳斯力，扩大了晶层间距，进一步扩大了海泡石片层间距。也可能是因为阳离子改性剂与阴离子改性剂复配的情况下，提高了有机海泡石中的有机碳含量，改性剂在海泡石表面形成一种较强的分配介质，对有机物具有协同增溶作用，这更有利于有机物从水相转移到有机海泡石的有机质上而发生吸附，从而对水中有机物产生协同去除效果。

为验证以上猜想，进一步探讨离子表面活性剂对海泡石的微观改性机理，后续对原生及有机海泡石进行吸附实验探究和表征分析。因时间及经费有限，本次实验选择原生海泡石，以及对 OTC 吸附效果最好的 150CTAB/30SDBS 阴-阳离子复合改性海泡石进行研究。为表达简便，将以上两种海泡石分别简写为 SEP 和 C-S-SEP。

4.2.3　阴-阳离子复配海泡石对抗生素的吸附性能

1. 吸附剂投加量的影响

由图 4-16 可知，随着吸附剂投加量的增加，两种海泡石对 OTC 的去除率都逐渐增加。其中，相对低的投加量时去除率增加显著，当投加量超过 1.5g/L 时，去除率增加程度不明显。这可能是因为随着吸附剂投加量的增加，可供 OTC 吸附的位点也随之增加，从而吸附了更多的污染物，去除率快速提高；但是，当投加量增加到一定量时，OTC 持续被吸附到吸附剂上，吸附剂表面的 OTC 浓度不断上升，而溶液中的浓度不断下降，导致它们之间的浓度梯度差降低，OTC 缺乏从溶液转移到吸附剂上的动力，从而使去除率保持相对稳定。C-S-SEP 对 OTC 的去除率最高可达到 99.42%，而 SEP 仅为 50.26%，表明经过改性后，海泡石对 OTC 的吸附能力得到了较大的提高。

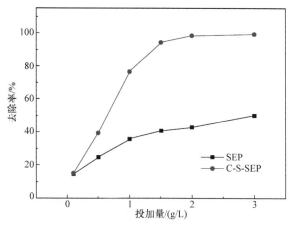

图 4-16　吸附剂投加量对 OTC 吸附效果的影响

2. 不同反应时间的影响

在 30℃下考察了反应时间对吸附量 Q_t 的影响(图 4-17)，海泡石对 OTC 的吸附量随反应时间的增加逐渐增大。初始的 4h 为快速吸附阶段，这可能是因为刚开始时吸附剂上存在大量的吸附位点[263]，使得吸附反应得以快速进行。随后吸附位点逐渐被占据，在 4～24h 吸附反应以较慢的速率进行并最终达到饱和，在 24h 时达到最大吸附量，此时 OTC 在海泡石上的吸附量与 OTC 从吸附剂上的脱附量处于动态平衡状态[264]。通常，当吸附涉及表面反应过程时，初始吸附是快速的，随后反应速率随着可用吸附位点变少而逐渐趋于平缓[265]。为保证吸附反应达到平衡，选定 24h 作为后续实验的吸附反应时间。

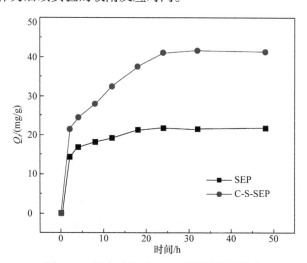

图 4-17　反应时间对 OTC 吸附效果的影响

3. 初始浓度的影响

OTC 初始浓度对海泡石吸附效果的影响如图 4-18 所示，随着溶液 OTC 初始浓度从 10mg/L 增加到 100mg/L，SEP 及 C-S-SEP 的平衡吸附量均逐渐增加。这是因为初始浓度提供了克服 OTC 在水相和固相之间传质阻力的驱动力，初始浓度增加，吸附剂与吸附质分子之间的碰撞概率也随之增加，使得单位质量海泡石的平衡吸附量增大[266]。另外，海泡石的平衡吸附量与其表面吸附位点有关[248]，OTC 浓度增加使得海泡石的位点逐渐被完全占据，接近饱和位点后平衡吸附量上升缓慢，几乎保持不变。

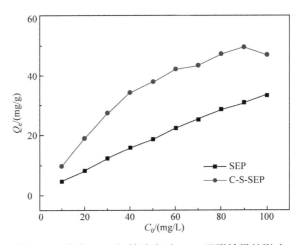

图 4-18 溶液 OTC 初始浓度对 OTC 吸附效果的影响

4. 溶液初始 pH 的影响

图 4-19 为溶液初始 pH 对 OTC 吸附效果的影响，由图 4-19 可知，当 OTC 溶液 pH 从 4 增加到 8 时，C-S-SEP 对其吸附效果保持在较高水平，平衡吸附量基本不变。这可能是因为 OTC 的 pK_a 为 3.3、7.7 和 9.7，在溶液 pH 为 4~8 的条件下，仍有很大一部分 OTC 以分子形式存在，容易通过疏水分配作用与 C-S-SEP 表面的有机相结合，吸附效果好且不受 pH 的影响；当 OTC 溶液 pH 从 8 增加到 10 时，C-S-SEP 对 OTC 的平衡吸附量逐渐降低。这可能是因为当 pH 大于 8 后，OTC 去质子化解离带负电荷，以阴离子形式存在的 OTC 逐渐增多，而此时的 C-S-SEP 表面呈负电性，它们之间会产生一定强度的静电斥力，阻碍了 OTC 在 C-S-SEP 表面的吸附，使吸附效果降低。从 OTC 的平衡吸附量来看，溶液 pH 的变化对 C-S-SEP 吸附 OTC 的能力影响十分微小，这可能是因为静电吸附作用在整个 C-S-SEP 吸附 OTC 的系统中贡献较小，而有机相的疏水分配作用才是吸附的主导作用[262]。

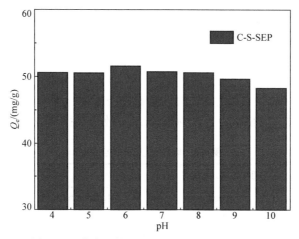

图 4-19　溶液初始 pH 对 OTC 吸附效果的影响

5. 吸附动力学

吸附动力学用来描述吸附过程随时间变化的规律，可以估算吸附容量和吸附速率常数来衡量吸附剂对吸附质的吸附性能。本次实验采用准一级动力学模型、准二级动力学模型和颗粒内扩散模型对实验数据进行拟合分析，以探讨其可能的吸附机制。

利用准一级和准二级动力学模型对实验数据进行拟合的结果如图 4-20 所示。根据表 4-6 吸附动力学的拟合参数可知，改性前后的海泡石对 OTC 的吸附都较符合准二级动力学模型，其相关系数 R^2 分别达到了 0.9910 和 0.9650，这与其他疏水化合物在黏土矿物上的吸附结果一致[248,267,268]，并且拟合出来的理论吸附容量 q_e 与实验所得的实际吸附容量相近。因此，可以用准二级动力学对海泡石吸附

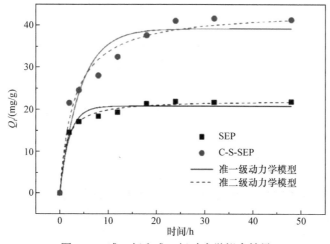

图 4-20　准一级和准二级动力学拟合结果

OTC 的过程进行很好的描述，说明吸附行为由外部液膜扩散、表面吸附和颗粒内扩散等多过程所控制[191]。此外，SEP 对 OTC 的吸附速率常数(k_2)要高于 C-S-SEP，可能是因为 SEP 表面存在一定数量的吸附位点，随着反应时间的增加，吸附位点在短时间内就被完全占据，从而达到饱和，不再继续吸附溶液中多余的 OTC。经过离子表面活性剂改性后的 C-S-SEP，表面的吸附位点增多，OTC 与吸附位点结合直至饱和需要更长的时间，因此吸附速率常数与 SEP 相比较小。

表 4-6　吸附动力学拟合参数

海泡石类型	准一级动力学模型			准二级动力学模型		
	k_1/min^{-1}	q_e/(mg/g)	R^2	k_2/[g/(mg·min)]	q_e/(mg/g)	R^2
SEP	0.0084	20.73	0.9630	0.00062	22.23	0.9910
C-S-SEP	0.0039	39.18	0.9150	0.00013	43.72	0.9650

考虑到准一级和准二级动力学模型都不能分析 SEP 和 C-S-SEP 吸附 OTC 的扩散机制，利用颗粒内扩散模型对实验数据进一步拟合分析，拟合结果如表 4-7 所示。分析结果如图 4-21 所示，若颗粒内扩散模型拟合成经过原点的一条直线，则整个吸附过程只是因为内部粒子的扩散；如果拟合的直线偏离原点，那么主要是边界层控制吸附过程。SEP 和 C-S-SEP 线性拟合的相关系数分为 0.7980 和 0.8780，说明直线无法很好地拟合，吸附过程不是单纯的一种扩散方式。SEP 对 OTC 的吸附过程分为两个阶段(图 4-21)：第一阶段为膜扩散过程，OTC 分子从水相中逐渐转移到 SEP 的外表面上；第二阶段为平衡吸附阶段，此时的吸附量保持相对稳定。C-S-SEP 对 OTC 的吸附过程与 SEP 不同，大致可以分为三个阶段：第一阶段为膜扩散过程；第二阶段为逐渐吸附阶段，OTC 分子通过疏水作用逐渐扩散进入离子表面活性剂在 C-S-SEP 表面形成的有机相中；第三阶段为平衡吸附阶段。

表 4-7　颗粒内扩散模型拟合参数

海泡石类型	拟合公式	k_p/[mg/(g·min$^{-0.5}$)]	R^2
SEP	$y=0.17175x+14.20335$	0.00062	0.7980
C-S-SEP	$y=0.52751x+17.43761$	0.00013	0.8780

6. 等温吸附模型

等温吸附模型用来描述特定温度下吸附剂的吸附量随吸附质平衡浓度变化的关系，探究两者之间的相互作用，分析吸附的微观机理。本次实验采用 Langmuir 模型和 Freundlich 模型 2 种等温吸附模型进行拟合，实验数据拟合的结果如表 4-8 所示。

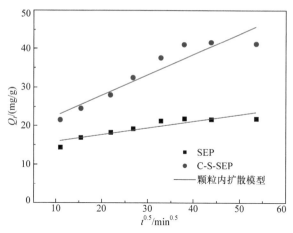

图 4-21　颗粒内扩散模型拟合

表 4-8　吸附等温线拟合参数

海泡石类型	Langmuir 模型			Freundlich 模型		
	Q_{max}/(mg/g)	K_L/(L/mg)	R^2	K_F/{[mg$^{(1-1/n)}$·L$^{1/n}$]/kg}	$1/n$	R^2
SEP	90.30	0.009	0.9980	1.37	0.77	0.9970
C-S-SEP	47.50	0.581	0.9600	20.66	0.23	0.9430

SEP 和 C-S-SEP 对 OTC 吸附的实验数据均更加符合 Langmuir 模型，相关系数 R^2 分别为 0.9980 和 0.9600，吸附常数 K_L 均小于 1，因此可以初步判定它们对 OTC 的吸附呈现单层吸附的特点，且均属于优惠吸附；另外，表 4-8 中 SEP 和 C-S-SEP 吸附 OTC 的 Freundlich 吸附等温线拟合参数 $1/n$ 分别为 0.77 和 0.23，均在 0～1，说明吸附反应容易进行，且 C-S-SEP 比 SEP 更容易吸附 OTC。等温吸附过程分析结果如图 4-22 所示，值得一提的是，当吸附的 OTC 溶液浓度较低时，C-S-SEP 对其吸附量远大于 SEP，即阴离子、阳离子表面活性剂对 OTC 产生协同去除作用；当 OTC 溶液浓度较高时，C-S-SEP 的吸附容量上升缓慢，逐渐趋于稳定，而 SEP 的吸附效果持续上升，有接近 C-S-SEP 的趋势，说明 C-S-SEP 的协同去除作用还与有机污染物本身的浓度有关。在实际的应用中，绝大多数废水中 OTC 的浓度较低，因此阴-阳离子海泡石具有较高的实际应用价值。

7. 热力学模型

热力学可以用来计算吸附热，从而推断出吸附过程中的主要作用力，判断吸附机制。SEP 吸附 OTC 的过程中，ΔG 从 303K 的 0.63kJ/mol 下降到 323K 的 −2.40kJ/mol，ΔH 为−46.99kJ/mol，ΔS 为 154.38J/(mol·K)(表 4-9)，说明 SEP 吸附 OTC 的机制主要为化学吸附，吸附行为是自发产生的，且升温更有利于吸附反应

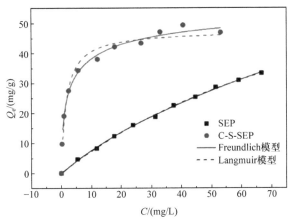

图 4-22　吸附等温线拟合

的进行。C-S-SEP 吸附 OTC 过程中，$\Delta G < 0$，说明吸附行为是自发进行的，且在 313K 时自发程度最高；ΔH 为 -17.77kJ/mol，说明吸附机制主要为物理吸附，是范德瓦耳斯力、偶极键力和氢键等共同作用的结果[269]；ΔS 为 -49.80J/(mol·K)，说明吸附是一个熵减的过程，OTC 具有从液相向 C-S-SEP 表面有机相迁移的趋势，且随吸附容量的增加，固液界面的分子运动变得更加有序。

表 4-9　吸附热力学拟合参数

海泡石类型	温度/K	$\ln K$	ΔG/(kJ/mol)	ΔH/(kJ/mol)	ΔS/[J/(mol·K)]
SEP	303	0.25	0.63	-46.99	154.38
	313	0.86	-2.24		
	323	0.89	-2.40		
C-S-SEP	303	0.96	-2.42	-17.77	-49.80
	313	1.05	-2.74		
	323	0.52	-1.39		

注：K 为吸附平衡常数。

4.2.4　海泡石吸附抗生素前后的表征

1. X 射线衍射分析

图 4-23 为 SEP 和 C-S-SEP 的 X 射线衍射图，由图 4-23 可知，SEP 的 2θ 为 $7.179°$，C-S-SEP 的 2θ 为 $7.192°$，对比改性前后的海泡石，其特征衍射峰没有明显的变化。根据布拉格方程 $2d\sin\theta = n\lambda$ 计算其层间距，得到 SEP 及 C-S-SEP 的层间距 d_{101} 分别为 1.230nm 和 1.228nm，也没有明显变化。这可能是因为 SEP 矿物中沿 Y 轴方向四面体中的顶角每隔一定的周期作 180° 翻转，构成了平行于 X 轴

的链条及通道，这种特殊的层链状结构层间缺乏膨胀性，改性剂无法通过离子交换作用进入 SEP 层间域，仅负载在表面，SEP 维持了原本的晶体结构[270]。CTAB 和 SDBS 虽然对 SEP 进行修饰，但其晶格结构未发生明显改变，改性后的 SEP 仍然保持较好的晶格结构[271]。说明 SEP 经有机改性后只是提高了纯度，改性主要发生在其表面，并没有进入内部。此猜想将通过后续表征得到进一步证实。

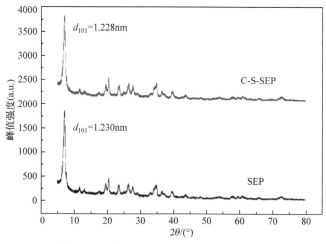

图 4-23　SEP 和 C-S-SEP 的 X 射线衍射图

2. 傅里叶变换红外光谱

用 FTIR 分别对改性前后的 SEP 进行表征，如图 4-24 所示，高频谱振动带 $3000\sim3700cm^{-1}$ 处呈现较强的吸收带，可以归属为吸附剂结构中 O—H 的伸缩振

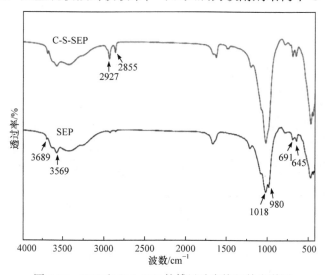

图 4-24　SEP 和 C-S-SEP 的傅里叶变换红外光谱图

动吸收峰，其中的两个小振动带 3689cm⁻¹ 和 3569cm⁻¹ 分别对应位于 SEP 内部的八面体配位的结构羟基水(Mg—OH)和配位水(H$_2$O—)；低频段在 1018cm⁻¹ 处出现了长的吸收峰，属于 SEP 晶体结构中 Si—O—Si 和 Si—O 的反对称伸缩振动，645cm⁻¹、691cm⁻¹ 附近的吸收带属于 Si—O 的弯曲振动和八面体中的 Mg—O 的伸缩振动，以上傅里叶变换红外光谱吸收峰均属于 SEP 的特征吸收峰，这与其他文献所述相似[272,273]。此外，在 2855cm⁻¹ 和 2927cm⁻¹ 处出现烷烃链上 C—H 的伸缩振动特征峰和变形振动特征峰，表明表面活性剂已成功负载在 SEP 上。由此可见，离子表面活性剂没有进入 SEP 层间，仅覆盖在表面起到良好的修饰作用，使其保持了原有的形态和晶体结构，这一结果与 XRD 表征结果相符。

3. 扫描电子显微镜和能谱

SEP 具有典型的纤维棒状结构及许多块状和碎片状颗粒[图 4-25(a)、(b)]。由于棒状晶体之间存在氢键和范德瓦耳斯力，天然 SEP 的分散性较差，容易聚集成

图 4-25　SEP 和 C-S-SEP 扫描电镜图

(a) 1 万倍 SEP；(b) 5 万倍 SEP；(c) 1 万倍 C-S-SEP；(d) 5 万倍 C-S-SEP

团。经过离子表面活性剂改性后[图 4-25(c)、(d)]，SEP 纤维变得更加疏松和有序，纤维表面交织的块状和碎片状颗粒消失不见，团聚体明显减少或消失，表面更均匀、光滑、平整，说明改性剂在 SEP 表面发生化学键合，包裹在 SEP 表面形成有机疏水层，起到一定的修饰作用，有效防止了棒状纤维的聚集。从 SEP 及 C-S-SEP 的能谱分析图及表面化学成分组成来看，C-S-SEP 中 C 元素的质量分数从 12.39% 上升到了 14.96%(图 4-26)，说明有机改性剂已成功负载到海泡石上。

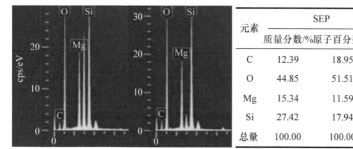

元素	SEP		C-S-SEP	
	质量分数/%	原子百分数/%	质量分数/%	原子百分数/%
C	12.39	18.95	14.96	22.43
O	44.85	51.51	44.76	50.40
Mg	15.34	11.59	13.41	9.94
Si	27.42	17.94	26.87	17.23
总量	100.00	100.00	100.00	100.00

图 4-26　SEP 和 C-S-SEP 能谱分析

cps-计数率

4. 比表面积和孔结构分析

改性前后 SEP 的 N_2 吸附-脱附曲线(图 4-27)均属于 IV 型等温线并具有 H3 型滞后环，说明材料中存在介孔结构[267]。其中 C-S-SEP 的 N_2 吸附-脱附量与 SEP 相比略有上升，介孔分布情况差异不明显，仅在极小介孔的范围内孔体积有轻微减小，这与表 4-10 比表面积和孔结构参数显示的结果一致。与 SEP 相比，C-S-SEP 的比表面积从 $121.605m^2/g$ 减小到 $114.856m^2/g$，平均孔径几乎保持不变，孔体积略有减小。这可能是因为 SEP 海泡石表面嵌合了一层改性剂，堵塞了一部分孔隙及吸附位点，比表面积和孔体积下降。由于改性剂没有插层到海泡石内部，SEP 维持了原有的孔道结构，平均孔径保持不变。

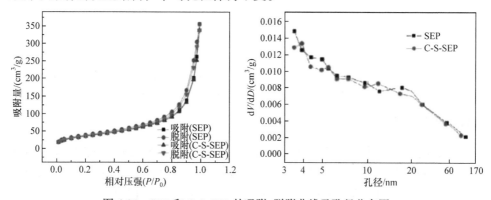

图 4-27　SEP 和 C-S-SEP 的吸附-脱附曲线及孔径分布图

表 4-10　SEP、C-S-SEP 的比表面积和孔结构参数

样品	比表面积/(m²/g)	平均孔径/nm	孔体积/(cm³/g)
SEP	121.605	3.823	0.537
C-S-SEP	114.856	3.825	0.511

5. Zeta 电位

分析了改性前后 SEP 在 pH 为 3、5、7 和 9 下的 Zeta 电位，结果如图 4-28 所示。当 pH 为 3～9 时，阴-阳离子 C-S-SEP 的 Zeta 电位均高于 SEP，这是因为改性剂在 SEP 表面负载，其中阳离子表面活性剂中和了 SEP 表面的负电荷，而阴离子表面活性剂对 SEP 表面电荷产生屏蔽效应，两者共同作用使 C-S-SEP 的电负性下降。当 pH=3 时，两种海泡石的 Zeta 电位均为正值，此时表面带正电荷。随后 Zeta 电位随 pH 的增大逐渐降低，在 pH=5 前达到等电点，继而电负性继续增大。OTC 分子含有的三羰基甲烷系统($pK_a=3.3$)和酚二酮系统($pK_a=7.7$)均具有酸性，二甲胺基($pK_a=9.7$)的存在使其具有碱性。作为两性分子物质，吸附剂表面的荷电情况会影响其对 OTC 的吸附能力。因此，pH 在 SEP 吸附 OTC 的体系中发挥着不可忽视的作用。

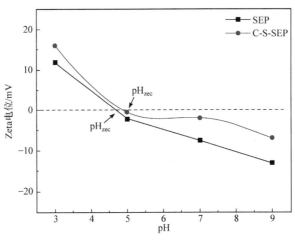

图 4-28　SEP 和 C-S-SEP 的 Zeta 电位图
pH_{zec}-等电点 pH

4.2.5　机理分析

经过阴、阳离子表面活性剂改性得到新型吸附剂 C-S-SEP，不仅保持了 SEP 本身具有的吸附优势，如具有的大比表面积、离子交换作用及 Si—OH 的配位作用等，还通过表面活性剂的修饰作用进一步提高了其对 OTC 的吸附能力。一方

面，改性剂的加入使 SEP 吸附 OTC 的分配作用有所增强；另一方面，阴离子、阳离子表面活性剂的负载，很大程度上丰富了 SEP 表面的官能团，创造了更多的活性吸附位点，表面吸附作用的增强同样也提高了其吸附能力。

(1) 分配作用：阴离子、阳离子表面活性剂对 SEP 表面产生协同增溶作用。如图 4-13 所示，SDBS 与 CTAB 的疏水端相互结合，在一定条件下形成混合胶束，并通过 CTAB 带正电的季铵盐端结合到带负电的 SEP 表面，中和了其表面负电荷的同时增加表面有机相，为有机物的吸附创造出一个良好的有机分配介质，提高了 OTC 在 SEP 表面的“溶解”能力，有利于 OTC 从水相中转移到 C-S-SEP 的有机相上而发生吸附(图 4-29①②)。

(2) 表面吸附作用：OTC 是两性分子，在不同 pH 范围内分别以带一个正电荷的阳离子、两性分子、带一个负电的阴离子和至少带两个负电荷的阴离子等多种形式存在。SEP 表面带有较高的负电荷，SDBS 亲水端含有带负电的极性磺酸基($R—SO_3^-$)，CTAB 季铵盐 N 端带正电，以各种形式存在的 OTC 均能通过静电作用与 C-S-SEP 结合，从而增大吸附能力(图 4-29③④⑤)。其中，SEP 表面的疏水作用对 OTC 在其上的静电吸附具有一定影响，OTC 主要通过与离子表面活性剂结合而吸附在 C-S-SEP 上。然而，从溶液 pH 对吸附的影响实验探究中可知，静电作用在吸附反应中起到一定作用但不是主导作用。此外，OTC 上的羟基可以与 SEP 中在镁氧八面体的侧面与 Mg^{2+} 进行络合反应，也可以与 SDBS 上的磺酸基形成氢键(图 4-29⑤⑥)。总之，有机改性剂的加入能够为有机污染物提供更多的吸附位点，提高吸附剂的吸附能力。

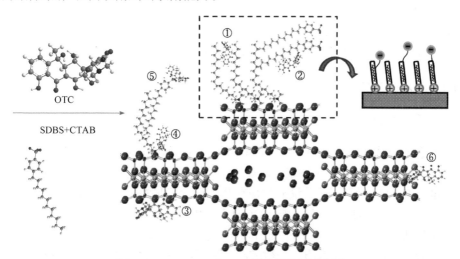

图 4-29　C-S-SEP 对 OTC 的吸附机制示意图

第 5 章　DOM 吸附及其对抗生素环境行为的影响

5.1　DOM 在含水介质上的吸附行为特征

5.1.1　含水介质的表征

一般来说,吸附剂的结构和性质对吸附结果影响较大,本节选择了相比较而言吸附量更高的细砂为吸附剂展开实验。因此,在对 DOM 吸附行为及其对 NOR 吸附的影响进行更为细节化的讨论之前,首先对原生细砂进行了表征,包括 pH、CEC、比表面积(SSA)、有机碳(OC)质量分数的测定,细砂的理化性质如表 5-1 所示。

表 5-1　细砂的理化性质

介质	pH	CEC/(cmol/kg)	SSA/(m² /g)	w(OC)/%
细砂	8.51	3.35	0.026	0.46

注:w(i)表示 i 的质量分数,即 w(OC)表示 OC 的质量分数。

由于在自然环境中的砂粒受到风和水的侵蚀,其表面形态迥异,大多砂粒表面较为光滑,这与 Qu 等[274]的研究结果相同。采用比表面积及孔隙分布分析仪测定细砂比表面积和多孔性能时,发现细砂比表面积过小,仅为 0.026m²/g。因此,无法进一步获得细砂的氮吸附-脱附等温线和相关参数来探索其多孔性能。

5.1.2　DOM 的表征

1. 元素分析

由于本节选择的三种 DOM 来源不同,其元素组成应当有一定差异。三种 DOM 的元素由元素分析仪测定,元素分析结果如表 5-2 所示。三种 DOM 中均含有大量的 C 和 O 元素,总质量分数均在 90%以上。此外,在三种 DOM 中不同程度地检测到了 N、H、S 元素。与 HDOM 和 MDOM 相比,LDOM 中 C 和 H 元素的质量分数较高,而 N 元素的质量分数较低。由于 MDOM 中存在大量的蛋白质,元素分析仪测得的 N 元素质量分数较高。为了进一步量化 DOM 样品的极性和芳香度,计算[w(N)+w(O)]/w(C)和 w(H)/w(C)对 DOM 进行表征[275]。如表 5-2 所示,[w(N)+w(O)]/w(C)与 DOM 极性成正比。LDOM 中[w(N)+w(O)]/w(C)低于 HDOM

或 MDOM，表明 LDOM 的极性较低，这可能与它来源于植物落叶有关。$w(H)/w(C)$ 则与 DOM 芳香度成反比。因此，MDOM 极性最高，而芳香度最低。此外，疏水性与芳香度成正比。当疏水性增加时，DOM 和 NOR 的结合率在一定程度上降低，从而影响共吸附和累积吸附的效果[276,277]。MDOM 的这一特性可能是影响 NOR 吸附的重要原因之一，这一结果与 Shen 等的研究结果一致[278]。虽然 DOM 的芳香度和极性都可能会对 NOR 的吸附有影响，但根据 Zhang 等的研究，芳香度对吸附的影响更为关键[275]。对于所研究的吸附体系来说，吸附质 NOR 的吸附不仅与吸附剂砂土本身有关，而且 DOM 的加入也会改变砂土的芳香度，从而改变 NOR 的吸附量。

表 5-2　HDOM、LDOM 和 MDOM 的元素分析结果

DOM 类别	$w(N)/\%$	$w(C)/\%$	$w(H)/\%$	$w(S)/\%$	$w(O)/\%$	$w(H)/w(C)$	$[w(N)+w(O)]/w(C)$
HDOM	0.99	40.86	3.80	0.37	53.98	0.09	1.35
LDOM	0.80	46.96	5.55	0.57	46.12	0.12	1.00
MDOM	1.78	37.54	4.99	0.29	55.40	0.13	1.52

2. 三维荧光光谱分析

三种 DOM 提取液通过荧光分光光度仪得到发射波长和激发波长分别为 250～270nm 和 200～550nm 的三维荧光数据，绘制得到三维荧光光谱图，如图 5-1 所示。三种 DOM 都含有 C1 成分，因为每种 DOM 都含有一个明显的荧光峰(E_x 和 E_m 分别为 250～360nm 和 370～510nm)，位于常规 C 峰区，主要是以腐殖酸为代表的腐殖质[279]。此外，MDOM 含有 C2 成分(E_x 和 E_m 分别为 270～280nm 和 320～350nm)，对应于常规 T 峰区。其指示意义是 MDOM 的主要成分是蛋白质类，以内源性或微生物过程产生的色氨酸为代表[280]。这与元素分析的结果一致。Sun 等也通过 FTIR 分析证实了来自牛粪的 DOM 中存在氨基[281]。

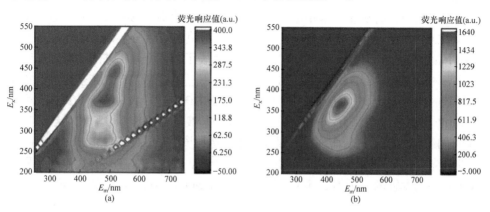

(a)　　　　　　　　　　　　　(b)

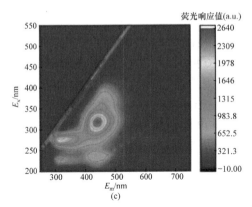

图 5-1　HDOM、LDOM、MDOM 的三维荧光光谱

(a) HDOM；(b) LDOM；(c) MDOM

3. 紫外-可见光谱分析

近年来，紫外-可见光谱法成为 DOM 结构性质分析中重要的方法之一，它为天然有机质结构与性能的研究提供了更快速、更方便的方法。SUVA$_{254}$ 表示含有不饱和键的 DOM 的芳香族化合物的腐殖质含量[282, 283]。SUVA$_{254}$ 由 DOM 样品在 254nm 处的吸光度 A_{254} 乘以 100 再除以 DOM 的浓度计算所得[284]。三种 DOM 的紫外-可见光谱分析结果如表 5-3 所示，HDOM、LDOM 和 MDOM 的 SUVA$_{254}$ 分别为 3.07、2.81 和 1.87。因此，HDOM 含有更多的芳香类物质，这与元素分析的结果一致。A_{250}/A_{365}(250nm 和 365nm 处的吸光度之比)常被用来示踪 DOM 的分子大小。研究表明，A_{250}/A_{365} 与 DOM 的分子量成反比关系[285]。HDOM、LDOM 和 MDOM 的 A_{250}/A_{365} 分别为 2.66、5.04 和 3.70。因此，HDOM 具有较高的芳香度和较大的分子尺寸，可能会更有利于其优先吸附在砂土表面，进而改变砂土颗粒的孔隙结构[286]。光谱斜率(S_R)是 $S_{275\sim295}$ 和 $S_{350\sim400}$ 的比值，S_R 值也与分子量成反比[287]。当 $A_{250}/A_{365}<3.5$ 时，认为 DOM 中胡敏酸含量大于富里酸；当 $A_{250}/A_{365}>3.5$ 时，则认为含有更多的富里酸[287]。因此，HDOM 会有更多的胡敏酸，而 LDOM 和 MDOM 会有更多的富里酸，且 LDOM 的富里酸质量分数比 MDOM 更高。A_{253}/A_{203}(253nm 和 203nm 处的吸光度比值)代表了苯环上取代基的类型和程度。当 A_{253}/A_{203} 较低时，芳香环以脂肪链为主；当 A_{253}/A_{203} 较高时，芳香环上的羧基和羟基的比例很高[288]。结果表明，LDOM 和 MDOM 包括大量的脂肪族链，可能对 NOR 有更高的亲和力。HDOM 中含有相对较高的芳香族碳，可能会导致其与 NOR 的结合力较差，从而抑制共吸附和累积吸附[289]，A_{465}/A_{665}(465nm 和 665nm 处的吸光度之比)表示苯环 C 骨架的聚合程度[290]。较小的 A_{465}/A_{665} 代表聚合程度或羰基共轭度较高。根据表 5-3，三种类型 DOM 的 A_{465}/A_{665} 从大到小的顺序为

HDOM > LDOM > MDOM。HDOM 的苯环 C 骨架的聚合度相对较低，可能会抑制其与 NOR 的结合，影响 NOR 的共吸附和累积吸附。总之，由于 DOM 的官能团类型、成分、分子大小和 C 骨架结构的不同，最终 NOR 吸附量将存在差异。

表 5-3　HDOM、LDOM 和 MDOM 的紫外-可见光谱分析结果

DOM 类别	$SUVA_{254}$	A_{253}/A_{203}	A_{250}/A_{365}	A_{465}/A_{665}	S_R
HDOM	3.07	0.73	2.66	5.08	0.31
LDOM	2.81	0.26	5.04	2.25	0.40
MDOM	1.87	0.31	3.70	1.33	0.34

4. 分子尺寸测定

DOM 与抗生素 NOR 的结合能力和亲和力不但取决于 DOM 分子组成、结构和来源，而且与 DOM 分子尺寸的大小息息相关。在紫外-可见光谱特征值分析的基础上，采用激光粒度仪对 DOM 分子尺寸分布进一步进行表征。如图 5-2 所示，HDOM 分子尺寸集中在 756～3080μm，LDOM 分子尺寸分布较为平均，主要集中在 6～1100μm，MDOM 集中在 586～2700μm。因此，HDOM 分子尺寸最大，MDOM 其次，LDOM 最小，符合腐殖酸的分子尺寸更高的普遍观点[291]。这一结果也证实了前文利用光学特征值 A_{250}/A_{365} 和 S_R 对三种 DOM 分子尺寸的推断。

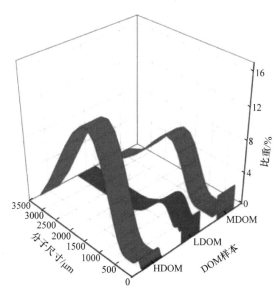

图 5-2　三种 DOM 的分子尺寸分布图

5.1.3　吸附动力学模型

为了更好地探索 DOM 对砂土表面上 NOR 吸附的影响机理,本小节对 DOM 在砂土上的吸附行为进行了分析。从图 5-3 的吸附动力学数据可以看出,当单一的 DOM 被添加到体系中时,接触的最初 12h 内吸附量随着时间的增加而不断增加。此后,随着时间的推移,吸附量增长逐渐减缓,达到饱和状态后维持恒定。为了进一步了解 DOM 在砂土上的吸附机制,选择准一级动力学模型、准二级动力学模型和 Elovich 模型对吸附动力学数据进行拟合(图 5-3)。吸附动力学拟合参数如表 5-4 所示,与准一级动力学模型(R^2 为 0.7200～0.9000)和准二级动力学模型(R^2 为 0.7600～0.9600)相比,Elovich 模型(R^2 为 0.9600～0.9800)更适合拟合实验数据。研究表明,Elovich 模型能够很好地描述化学吸附作用[292],因此 DOM 在砂土表面的吸附过程涉及化学吸附。

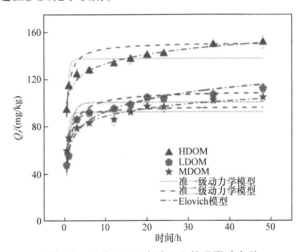

图 5-3　三种 DOM 在砂土上的吸附动力学

表 5-4　三种 DOM 在砂土上的吸附动力学拟合参数

DOM 类别	准一级动力学模型			准二级动力学模型			Elovich 模型		
	k_1/h^{-1}	Q_t/(mg/kg)	R^2	k_2/[g/(mg·h)]	Q_t/(mg/kg)	R^2	α/[kg/(mg·h)]	β/(kg/mg)	R^2
HDOM	0.95	133.94	0.7600	0.007	151.34	0.7600	181564.89	0.09	0.9600
LDOM	0.99	100.74	0.9000	0.010	110.24	0.9600	901.92	0.07	0.9600
MDOM	1.82	92.58	0.7200	0.030	90.90	0.8900	13783.44	0.12	0.9800

5.1.4　等温吸附模型

在等温吸附的研究中,等温吸附量及吸附等温线拟合结果见图 5-4 和表 5-5。如图 5-4 所示,三种 DOM 在砂土上的吸附等温线趋势相近,即随着 DOM 初始浓度的升高,砂土对三种 DOM 的吸附量均升高。在相同初始浓度下,对比 HDOM、LDOM 和 MDOM 的吸附等温线,可以明显看出,砂土对 HDOM 的吸附量均高于 LDOM 和 MDOM。原生砂土中 DOM 的释放,传统等温线模型很难准确量化 DOM 的吸附过程。因此,利用初始质量等温线模型对等温吸附实验数据进行拟合[293]。如表 5-5 所示,三种 DOM 均拟合出较大的相关系数(R^2 为 0.9300～0.9800)。此外,还发现 HDOM 的分布系数 K_d^* 是最大的,表明砂土对 HDOM 的吸附亲和力是最强的[294]。因此,HDOM 可能会优先吸附在砂土表面。

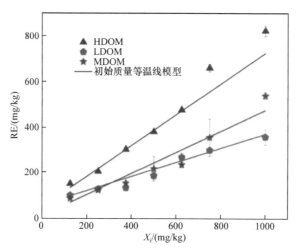

图 5-4　DOM 在砂土上的吸附等温线

表 5-5　DOM 在砂土上的吸附等温线拟合参数

DOM 类别	初始质量等温线模型			
	m	b/(mg/kg)	K_d^*	R^2
HDOM	0.67	48.79	50.76	0.9800
LDOM	0.31	59.28	11.23	0.9800
MDOM	0.46	11.75	21.30	0.9300

5.2　DOM 对典型抗生素吸附行为的影响

5.2.1　DOM 对抗生素吸附动力学的影响

在 HDOM、LDOM 和 MDOM 的影响下,NOR 在砂土上的吸附动力学拟合曲线如图 5-5 所示。结果表明,DOM 明显地抑制了 NOR 的吸附。DOM 提取物被认为可以和抗生素竞争土壤表面吸附位点,并导致土壤颗粒中的孔隙堵塞,从而降低了抗生素的吸附量[295]。结合图 5-6 分析证实了竞争机制可能是 DOM 影响砂土吸附 NOR 的主要机制。在 DOM 存在下，NOR 吸附量的减少归因于：

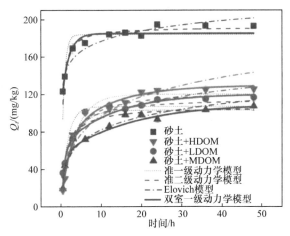

图 5-5　不同 DOM 存在下砂土对 NOR 的吸附动力学拟合曲线

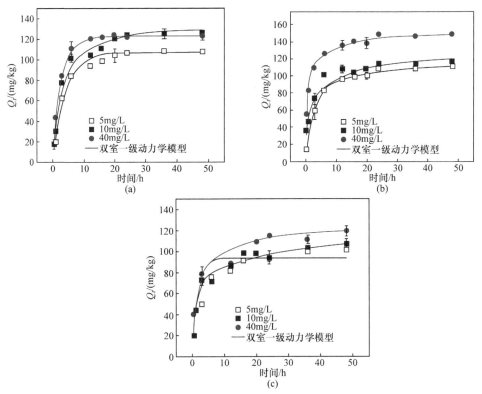

图 5-6　不同浓度 DOM 下 NOR 在砂土上的双室一级动力学模型拟合曲线
(a) 砂土+HDOM；(b) 砂土+LDOM；(c) 砂土+MDOM

①DOM 和 NOR 之间对吸附位点的竞争；②留在溶液中的 DOM-NOR 复合物的形成。吸附开始的 6h 内吸附量迅速增加，是因为砂土的表面有足够的吸附位点来吸附 NOR，属于快速吸附阶段。随着吸附位点被不断占据，6h 过后吸附曲线的斜率逐渐发生变化，吸附速度减缓。加入 DOM 后，吸附平衡时间从 12h 推迟到 24h(图 5-5)。这可能是因为 DOM 在溶液中对有机污染物有很高的亲和力。NOR 进入体系后，可能首先与 DOM 结合，然后通过共吸附作用被吸附到砂土表面。此外，外源性 DOM 可能被吸附在砂土颗粒的表面，并改变砂土颗粒的表面性质，使得 NOR 发生累积吸附成为可能，从而延长了吸附饱和时间[296, 297]。

为了进一步明确 DOM 影响下 NOR 的吸附机制，吸附动力学数据采用 4 种模型进行拟合。不同 DOM 存在下砂土对 NOR 的吸附动力学拟合结果如表 5-6 所示，与准一级动力学模型(R^2 为 0.8600~0.9700)和准二级动力学模型(R^2 为 0.9200~0.9800)相比，Elovich 模型对数据的拟合效果更好(R^2 为 0.9500~0.9900)，说明 NOR 在砂土上的吸附过程涉及化学吸附，如氢键和 π-π 相互作用[298]，这与其他研究中 NOR 在其他土壤上的结果一致[299,300]。

表 5-6　不同 DOM 下(10mg/L TOC)砂土对 NOR 的吸附动力学拟合

砂土类型	准一级动力学模型			准二级动力学模型		
	k_1/h^{-1}	$Q_t/(mg/kg)$	R^2	$k_2/[g/(mg \cdot h)]$	$Q_t/(mg/kg)$	R^2
砂土	1.43	184.51	0.9300	0.010	191.46	0.9800
砂土+HDOM	0.29	120.43	0.9700	0.004	120.38	0.9700
砂土+LDOM	0.45	107.33	0.9300	0.006	113.21	0.9700
砂土+MDOM	0.35	103.65	0.8600	0.007	103.10	0.9200

砂土类型	Elovich 模型			双室一级动力学模型				
	$\alpha/[kg/(mg \cdot h)]$	$\beta/(kg/mg)$	R^2	k_{f_1}/k_{f_2}	f_1	f_2	$Q_t/(mg/kg)$	R^2
砂土	721083.000	0.06	0.9900	632.89	0.56	0.44	185.52	0.9900
砂土+HDOM	200.450	0.05	0.9800	5.80	0.59	0.41	129.89	0.9900
砂土+LDOM	110.380	0.05	0.9800	14.77	0.48	0.52	120.47	0.9900
砂土+MDOM	77.252	0.03	0.9500	18.19	0.50	0.50	110.15	0.9800

然而，与其他三种模型相比，无论是否存在 DOM，NOR 在砂土上的吸附动力学数据拟合更符合双室一级动力学模型。在诸多土壤或沉积物对有机污染物的吸附研究中也发现相同结论——双室一级动力学模型优于其他各种模型[125]。根据吸附速率常数，两个吸附单元可以分别被指定为"快吸附室"和"慢吸附室"[301]。快吸附室吸附速率常数与慢吸附室吸附速率常数之比(k_1/k_2)越大，表明快速吸附

和慢速吸附之间的差异越明显, 双室吸附现象就越明显。根据表 5-6 中 k_1 / k_2 的数值, 不含 DOM 的砂土的双室吸附现象更为明显。存在 DOM 时, NOR 的 k_1 / k_2 值下降为不含 DOM 的 $0.9\% \sim 2.9\%$, 这可能是因为① DOM 与 NOR 结合的作用有关; ② DOM 吸附在砂土表面改变了砂土表面的孔隙结构[302]。

如图 5-5 和图 5-6 所示, 三种 DOM 均抑制了 NOR 在砂土上的吸附。当 NOR 浓度恒定(10mg/L)时, DOM 的类型和浓度显著地影响了砂土对 NOR 的吸附能力($P<0.05$)。如前所述, 引入大量的 DOM 吸附在有机碳含量较低的砂土表面会改变砂土颗粒表面的吸附位点或内部间隙, 进而改变吸附机制[303]。如图 5-6 所示, 在较低的 DOM 浓度下($5.0 \sim 10.0$mg/L), NOR 的平衡吸附量迅速上升, 这表明随着 DOM 浓度的上升, DOM 和 NOR 分子之间的共吸附和累积吸附效应呈上升趋势。当 LDOM 或 MDOM 的浓度从 5mg/L 增长到 40.0mg/L 时, 砂土对 NOR 的吸附量显著增加($P<0.05$)。然而, 加入 HDOM 后, 吸附量非但没有增加, 反而从 129.89mg/kg 下降到 123.50mg/kg(表 5-6 和表 5-7), 但没有明显差异($P>0.05$)。结果表明, HDOM 与 NOR 的结合能力较差, 导致共吸附和累积吸附的减弱。6.1 节中推断 HDOM 疏水性最强导致其与 NOR 结合能力最差, 此处也为这一论点提供了论据[304]。

表 5-7　不同浓度 DOM 存在下 NOR 在砂土上的双室一级动力学模型拟合

砂土类型	DOM 浓度 /(mg/L)	双室一级动力学模型				
		k_{f_1}/k_{f_2}	f_1	f_2	Q_e/(mg/kg)	R^2
砂土+HDOM	5	4.44	0.76	0.24	108.97	0.9900
	40	2.55	0.41	0.59	123.50	0.9900
砂土+LDOM	5	10.38	0.33	0.67	115.61	0.9900
	40	15.10	0.71	0.29	148.47	0.9900
砂土+MDOM	5	41.48	0.51	0.49	93.92	0.9700
	40	18.95	0.61	0.39	120.90	0.9900

为了阐明快吸附室和慢吸附室对吸附总量的贡献, 结合表 5-7 中的参数和公式(2-5)进行简单计算后得到了快吸附室和慢吸附室对总吸附的贡献率见图 5-7。值得注意的是, 当砂土中加入 HDOM 后, 随着 HDOM 浓度的上升, 慢吸附室的贡献率逐渐占据主导地位。LDOM 或 MDOM 存在的情况下, 快吸附室的贡献率逐渐增加, 尤其是在 LDOM 时这一变化更为明显。因此, 在有 DOM 的情况下, NOR 在砂土快吸附室的吸附有可能归因于共吸附和累积吸附。

5.2.2　DOM 对抗生素等温吸附的影响

图 5-8 展示了 298K 下 NOR 在砂土上吸附等温线, 使用线性模型和 Freundlich

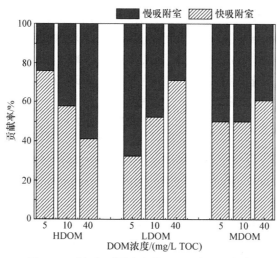

图 5-7　两室在不同浓度的 DOM 中的贡献率

模型进行拟合。通过拟合 Freundlich 模型得到的相关系数 R^2 为 0.9500～0.9900。加入 LDOM 和 MDOM 后，Freundlich 吸附系数 K_F 从 73[$\text{mg}^{(1-1/n)} \cdot \text{L}^{1/n}$]/kg 变为 25[$\text{mg}^{(1-1/n)} \cdot \text{L}^{1/n}$]/kg 和 6[$\text{mg}^{(1-1/n)} \cdot \text{L}^{1/n}$]/kg。吸附质首先占据了亲和力较强的吸附位点，随后，NOR 在砂土上的吸附强度随着位点占据程度的增加而下降[305]。随着 MDOM 的加入，Freundlich 指数 n 明显增加，且大于 1，说明 MDOM 的加入增加了体系中多层吸附的潜能。

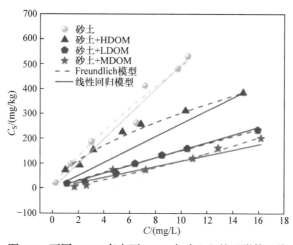

图 5-8　不同 DOM 存在下 NOR 在砂土上的吸附等温线

5.2.3　DOM 对抗生素吸附热力学的影响

图 5-9 描述了在 298K、308K 和 318K 下 NOR 在砂土上的吸附等温线。为了

更清晰地评估有无 DOM 时 NOR 在砂土上的吸附行为，本小节将与其他同类型研究进行比较，使用线性模型拟合的分配系数(K_d)来讨论其吸附机制。线性模型也能很好地拟合吸附热力学数据(R^2 为 0.8900～0.9900)。Zhang 等[306]指出 NOR 的 K_d 在 0～600L/kg 变化，而在另一项研究中发现 NOR 的 K_d 在 7 种土壤中的范围为 41～36400L/kg[304]。在本小节中，不添加 DOM 时，NOR 在的砂土上的 K_d 的范围为 49～142L/kg，而含 HDOM、LDOM 和 MDOM 的砂土的 K_d 分别为 26～49L/kg、14～183L/kg 和 11～298L/kg，总而言之，本小节实验数据处于上述文献范围内的较低水平。这可能是因为砂土的比表面积较小，阳离子交换能力低。更重要的是，加入外源性 DOM 后，K_d 的变化说明 DOM 改变了砂土的吸附亲和力，为 DOM 影响 NOR 在砂土上的吸附提供了至关重要的证据[304]。吸附等温线实验数据表明，砂土对 NOR 的吸附以分配作用为主，这一结果与吸附动力学实验一致[305]。此外，疏水作用和静电作用被认为是影响分配过程的关键[307, 308]。疏水性有机污染物在固体吸附剂表面的吸附通常是由疏水作用相互促进的。然而，NOR 是一种极性相对较强的有机物($\lg K_{ow} = 0.8$)，疏水作用可能不是决定 NOR 吸附的主要因素[309]。因此，砂土和 NOR 之间的静电作用将成为影响吸附的关键原

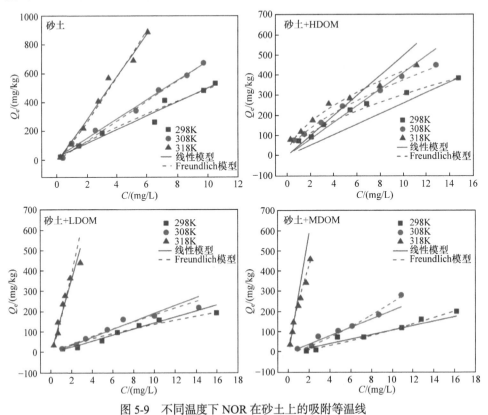

图 5-9　不同温度下 NOR 在砂土上的吸附等温线

因。不同于其他模型，D-R 模型假设吸附是对异质表面微孔的体积填充[310]。无论是否添加 DOM，吸附能(E)都小于 8kJ/mol(表 5-8)，这表明 DOM 影响下 NOR 仍为物理吸附。然而，表 5-8 中一些数据显示，D-R 模型的拟合效果相对较差。因此，认为 D-R 模型并不能准确地确定固-液吸附体系中的物理或化学吸附作用[310]，需要利用表征手段(如 XPS、FTIR)及热力学数据对判断 NOR 在砂土上的吸附是化学吸附或物理吸附进行进一步分析。

表 5-8　不同温度下 NOR 在砂土上的吸附等温线拟合参数

砂土类型	T/K	线性模型		Freundlich 模型			D-R 模型			
		K_d/(L/kg)	R^2	n	K_F/{[mg$^{(1-1/n)}$ · L$^{1/n}$]/kg}	R^2	Q_{max}/(mg/g)	β/(J^2/mol^2)	R^2	E/(kJ/mol)
砂土	298	49	0.9900	0.83	73	0.9900	304.30	1.53×10^{-7}	0.8600	1.81
	308	68	0.9900	1.01	67	0.9900	437.03	3.18×10^{-7}	0.9600	1.25
	318	142	0.9800	1.11	124	0.9900	468.72	1.56×10^{-7}	0.9000	1.79
砂土+HDOM	298	26	0.9900	0.61	74	0.9900	254.68	4.76×10^{-7}	0.7400	0.98
	308	41	0.9600	0.63	88	0.9900	281.46	2.19×10^{-7}	0.7000	1.02
	318	49	0.8900	0.57	112	0.9900	267.74	8.52×10^{-8}	0.6700	2.42
砂土+LDOM	298	14	0.9400	0.74	25	0.9800	137.00	2.72×10^{-6}	0.9000	0.43
	308	19	0.9200	0.90	34	0.9600	139.77	5.77×10^{-7}	0.7000	1.00
	318	183	0.9300	1.18	175	0.9500	343.78	7.51×10^{-8}	0.9200	2.58
砂土+MDOM	298	11	0.9900	1.29	6	0.9700	137.44	1.04×10^{-6}	0.8000	0.69
	308	22	0.9900	1.31	12	0.9800	232.36	2.29×10^{-6}	0.9800	0.47
	318	298	0.9900	1.33	259	0.9900	321.57	7.24×10^{-8}	0.9300	2.63

NOR 在砂土表面的吸附是一个吸热过程，高温有利于吸附的进行(图 5-9)。因此，高温会增强 NOR 在包气带中的吸附亲和力和固定性。受温室效应影响，全球气温上升可能会影响 NOR 在包气带土壤的累积[311]。在 LDOM 和 MDOM 存在时，NOR 吸附对温度变化的敏感性比 HDOM 更强。但是，如表 5-9 所示，HDOM降低了吸附焓变，添加 LDOM 后的吸附焓变是不添加 DOM 时的 2.4 倍，添加MDOM 时则为不添加 DOM 时的 3.1 倍。以上结果表明，添加 DOM 显著改变了NOR 吸附过程的热力学特性($P<0.05$)。这些结果也进一步证明，DOM 在砂土对NOR 的吸附过程产生重要影响。在所有的实验温度下，ΔG 都为负值($-20<\Delta G<0$)，这意味着吸附过程是自发的，说明吸附过程主要是物理吸附。ΔG 随着温度的升高而降低，较高的温度对自发反应是有利的。此外，ΔS 分别为 0.17J/(mol · K)、0.11J/(mol · K)、0.36J/(mol · K)和 0.45J/(mol · K)，表明吸附是一个熵增过程(表 5-9)。加入 LDOM 或 MDOM 后，ΔS 明显增加，这表明存在 LDOM 或 MDOM 时，固-液界面的吸附随机性增加，NOR 有从液相迁移到砂土表面的趋势。因此，高浓度

的 LDOM 或 MDOM 可能会对吸附有促进作用。

表 5-9　不同 DOM 存在下 NOR 在砂土上的吸附热力学参数

砂土类型	热力学常数			
	温度/K	ΔG/(kJ/mol)	ΔH/(kJ/mol)	ΔS/[J/(mol · K)]
砂土	298	−9.64	42.10	0.17
	308	−10.80		
	318	−13.10		
砂土+ HDOM	298	−8.07	24.86	0.11
	308	−9.51		
	318	−10.29		
砂土+ LDOM	298	−6.54	102.13	0.36
	308	−7.54		
	318	−13.77		
砂土+ MDOM	298	−5.94	130.91	0.45
	308	−7.67		
	318	−15.06		

5.2.4　DOM 存在下 pH 对抗生素吸附的影响

NOR 是两性分子，包括 α-羧酸(pK_{a1} = 6.23)和哌嗪基(pK_{a2} = 8.75)，这意味着阳离子交换、表面络合和阳离子桥接可能在土壤对 NOR 的吸附过程中起着一定的作用。NOR 在不同的 pH 条件下表现出不同的形式。在 pH<pK_{a1} 时，多为阳离子(NOR$^+$)；在 pK_{a1} < pH < pK_{a2} 时为中性分子(NOR$^\pm$)；在 pH > pK_{a2} 时为阴离子(NOR$^-$)[302]。如图 5-10 (a)所示，在本小节的 pH 范围内(2.0～12.0)，砂土表面带负电。这与砂土表面硅醇基团(Si—OH)的形成和去质子化有关[299]。三个体系中砂土平衡吸附量的变化趋势对于本小节有着重要作用[图 5-10(b)]。在 pH < pK_{a1} 时，NOR 解离的阳离子被明显地吸附在带负电荷的砂土表面上，从而引起平衡吸附量升高，说明阳离子交换是 NOR 吸附于砂土表面的主要的过程之一。这一结果与 Vasudevan 等的研究结果类似，对于环丙沙星而言，尽管阳离子桥接和表面络合都有助于吸附，但在 pH 为 3.0～8.0，阳离子交换对吸附的影响最大[300]。随着 pH 逐渐增加到 pK_{a2}，砂土的表面负电荷增加，Zeta 电位下降。添加不同的 DOM 对砂土表面电荷产生不同的影响，加入 HDOM、LDOM 和 MDOM 后，随着 pH 从 2 增加到 6，Zeta 电位分别下降了 20mV、17mV 和 16mV。由图 5-10(b)可知，加入 MDOM 后 NOR 的平衡吸附量低于 HDOM 和 LDOM，这是因为 MDOM 在较低的 pH 下更容易与 NOR 分子形成复合物，从而促进了 NOR-MDOM 复合物在溶液中的形成，这与 Jiang 等关于羊粪中 DOM 对 NOR 吸附影响的研究结果类似。

当 NOR 溶液的 pH 从 pK_{a1} 增加到 pK_{a2} 时,平衡吸附量的变化相对缓慢[图 5-10(b)][303]。存在 HDOM 时,NOR 的砂土上的平衡吸附量几乎保持不变,这是因为相对 LDOM 与 MDOM 而言 NOR 与 HDOM 相互作用较为稳定[301]。当 $pH > pK_{a2}$,砂土对 NOR 的平衡吸附量迅速降低。这可能是因为 NOR 去质子化解离带负电荷,更多的 NOR 以阴离子形式存在。此时,砂土表面带负电,其和 NOR⁻之间的某些静电排斥作用限制了 NOR 的吸附,这与 Shen 等的研究结果一致[278]。然而,NOR 仍然通过少量范德瓦耳斯力的贡献吸附在砂土上[293]。综上所述,在砂土中存在 DOM 的情况下,酸性条件可以抑制 NOR 的迁移。

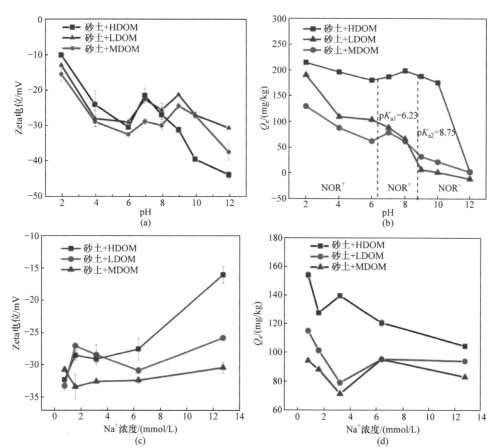

图 5-10　pH 和 Na⁺浓度对 NOR 的 Zeta 电位与平衡吸附量的影响

(a) pH 对 NOR 的 Zeta 电位的影响;(b) pH 对 NOR 平衡吸附量的影响;(c) Na⁺浓度对 NOR 的 Zeta 电位的影响;
(d) Na⁺浓度对 NOR 平衡吸附量的影响

5.2.5　DOM 存在下离子强度对抗生素吸附的影响

共存的盐离子严重影响了土壤中 NOR 的吸附[302]。DOM 存在时 Na⁺对 NOR

在砂土上吸附所产生的影响如图 5-10 所示。本小节在 pH－7.0 ± 0.5 下进行，砂土表面带负电。带正电的无机盐离子在砂土颗粒表面具有更大的吸附优势。当无机正离子突然进入体系时，它们会优先吸附在砂土颗粒的表面，其优势强于有机物。换言之，NOR 可能更难在砂土上吸附[303]。在较高的离子浓度下，Na^+对土壤表面吸附位点的竞争能力增强，因此观察到 NOR 在砂土上的平衡吸附量较低[图 5-10(d)]。此外，Na^+可能与溶液中从 NOR 与 DOM 解离出的官能团形成络合物，从而降低 NOR 的平衡吸附量[304]。随着 Na^+浓度的增加，单位浓度的电荷质量浓度升高，砂土表面电荷双层压缩，从而引起 Zeta 电位降低[图 5-10(c)]。较高浓度的 Na^+产生电荷屏蔽效应，促进了 DOM 在溶液中的聚集，进一步影响了 NOR、DOM，甚至 DOM-NOR 复合物与砂土的结合[305]。Na^+的浓度越大，HDOM、LDOM 和 MDOM 存在体系中砂土表面 Zeta 电位差异就越明显。对于 HDOM 来说，引入高浓度的 Na^+(6.4～12.8mmol/L)，砂土表面的 Zeta 电位上升幅度较大，从–28mV 增长到 –16mV。这是因为引入高浓度 Na^+后，单位浓度的溶液中有更多的电荷，对 NOR 吸附的抑制作用更大。然而，在 3.2mmol/L Na^+与 HDOM、6.4mmol/L Na^+与 LDOM 或 MDOM 共存时，平衡吸附量反而增加[图 5-10 (d)]，这可以归因于 NOR^+和吸附在砂土表面的 Na^+的阳离子交换作用。此外，NOR 和各种 DOM 形成的复合体有着不同的复杂性。同时，抗生素的吸附也受到二价离子的影响，它们可能与阳离子抗生素竞争吸附位置[306]。这些二价金属离子可以与抗生素的负电荷部分和土壤表面的负电荷 DOM 接触，从而形成抗生素-金属离子-DOM 的三相络合物，提高对抗生素的平衡吸附量。Martínez-mejía 等的研究结果表明，腐殖酸的结构性质与土壤中的负电荷 DOM 有高度相关性，腐殖酸的结构性质影响了抗生素的吸附行为，离子结合和阳离子桥接是吸附过程的主要相互作用[307]。此外，Zhu 等发现磷酸盐增强了环丙沙星对氧化铁矿物的吸附，随着磷酸盐浓度的增加，带正电的环丙沙星和带负电的氧化铁矿物之间的静电吸引力增加[308]。然而，SO_4^{2-} 和 PO_4^{3-} 等阴离子在自然环境中会水解并产生 OH^-，影响溶液的 pH，从而降低溶液中 NOR^+ 含量，由此可能会削弱 NOR 与 DOM 及砂土吸附结合的能力，其机理还需要在未来进一步研究。

5.3　DOM 对含水介质吸附 NOR 的影响机理

5.3.1　吸附前后含水介质表面形貌特征变化

采用 SEM 观察在有无 DOM 的情况下砂土接触 NOR 48h 后的表面形貌，放大倍数为 2000 倍的扫描电子显微镜的结果如图 5-11 所示。砂土颗粒的差异性较强，[图 5-11(a)、(b)]，因此本小节选择表面粗糙的砂土颗粒进行针对性研究。从图 5-11(a)

可以看出，砂土表面破碎，具有丰富的孔隙结构，比表面积大。含有 DOM 的砂土表面比较光滑，孔隙明显减少，这证明 DOM 可以吸附在砂土表面，造成孔隙结构堵塞。与 HDOM 和 LDOM 相比，MDOM 在砂土表面的作用更为明显。用 MDOM 处理后的土壤表面更加光滑，这可能是因为 MDOM 分子形成了一层有机膜，可以有效降低其对 NOR 的吸附。这也是当 DOM 浓度为 10mg/L 时，与其他 DOM 相比，使用 MDOM 的砂土吸附能力较低的原因之一。

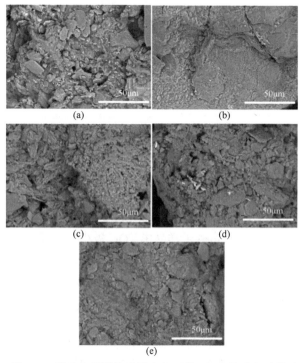

图 5-11　无 DOM 的砂土吸附前后及含有三种 DOM 的砂土吸附后 SEM 图
(a) 砂土吸附 NOR 前; (b) 砂土吸附 NOR 后; (c) 砂土+HDOM 吸附 NOR 后; (d) 砂土+LDOM 吸附 NOR 后;
(e) 砂土+MDOM 吸附 NOR 后

5.3.2　吸附前后含水介质总有机碳含量变化

为了进一步证明吸附机制，在吸附前后测定了砂土的 TOC 含量(图 5-12)。在有 DOM 存在的体系中，砂土有机碳含量归因于①吸附在砂土表面的 NOR 本身是有机物; ②吸附在砂土表面的 DOM(当体系中存在 DOM 时，砂土 TOC 含量更高)。当 DOM(10mg/L)被引入系统时，NOR 的 Q_e 减少(图 5-5)，但砂土的 TOC 含量增加，表明 DOM 在砂土表面吸附。砂土表面 TOC 含量的增加，各种孔隙也随之填充。与 SEM 的结果一致，在 HDOM 的存在下砂土表面的孔隙结构更多(图 5-11)。

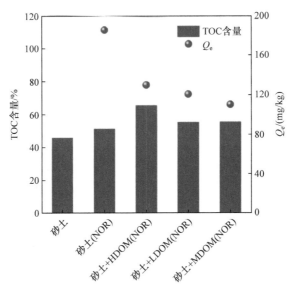

图 5-12　不同 DOM 存在下砂土吸附前后 TOC 含量及 Q_e

5.3.3　吸附前后含水介质表面官能团变化

图 5-13 为 NOR 吸附前和吸附后有/无 DOM 的砂土的 FTIR 图。尽管 DOM 和 NOR 被砂土吸附，但它只占砂土样品中 TOC 极小的一部分。因此，预计 DOM 对砂土的光谱特征只产生有限的影响。在 950~1250cm^{-1} 处出现了一个长的吸附带，被认为是 Si—OH 拉伸和 Si—O—Si 反对称拉伸振动的结果。该峰与文献[309]中提到的相同，对应于砂土的特征吸收峰。此外，两个特征峰位于 2805~3100cm^{-1}，主要是 DOM 的 C—H 拉伸振动，从而证实了 DOM 吸附在砂土表面[310]。尽管 4 种砂土 FTIR 图存在有微小的区别，但总体上是类似的，表明 NOR 主要是通过物理吸附被吸附在砂土表面。如图 5-13 所示，N—H 拉伸振动造成了砂土吸附前后在 3420~3620cm^{-1} 的频带差异。据推测，砂土可能通过疏水基团 (如氨基)与 NOR 分子结合[311]。NOR 被砂土吸附后，在 1450~1880cm^{-1} 出现了 C=C 的狭窄特征带，表明 NOR 与砂土之间存在 π-π 相互作用[312]。C—H 弯曲振动的吸附峰在 1419cm^{-1}，DOM 作用后向短波区移动，所以可能发生氢键作用[313]。总而言之，所有这些结果都证实了在 DOM 作用下 NOR 在砂土上的吸附过程既存在物理吸附，也存在化学吸附。

5.3.4　吸附前后含水介质表面元素变化

使用 XPS 分析了吸附前后砂土的表面元素组成和官能团(图 5-14)。如图 5-14(a) 所示，在 NOR 吸附后，砂土表面含 C 和 N 的丰度明显增加。存在 DOM 时，C 和 N 的丰度更高，这进一步证实了 DOM 吸附在砂土表面与 NOR 竞争吸附位

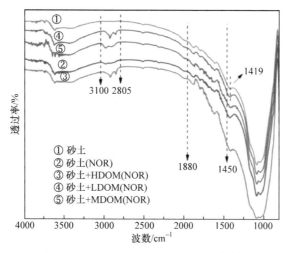

图 5-13　不同 DOM 存在下 NOR 吸附前后砂土的 FTIR 图

点。C 1s 谱呈现了三种碳原子形式的峰，分别是处于 284.3eV、286.1eV 和 288.0eV 的 C—C/C=C、C—O 和 C=O[图 5-14(b)]。在 NOR 吸附后，C—C/C=C 含量下降，归因于吸附质和吸附剂之间的 π-π 相互作用，改变了原有的砂土结构[314,315]。C—O 和 C=O 含量的增加是由于吸附后 NOR 和 DOM 具有更多的 C—O 和 C=O。C=O 的增加可能在砂土和 NOR 之间形成更多的氢键[316,317]。图 5-14(c) 中 N 1s 的光谱显示在 399.5eV 处有一个 N—H 峰。N—H 含量的增加证实了砂土的 C—O/C=O 基团(羟基、羰基和羧基)与 NOR 分子的—NH$_2$ 和/或氢键接受体(O 和 N)相互作用，形成氢键，这与 FTIR 的结果一致。

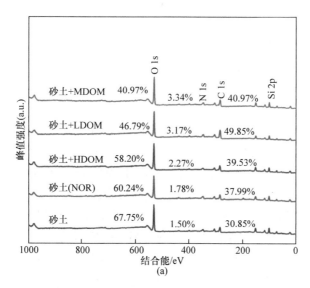

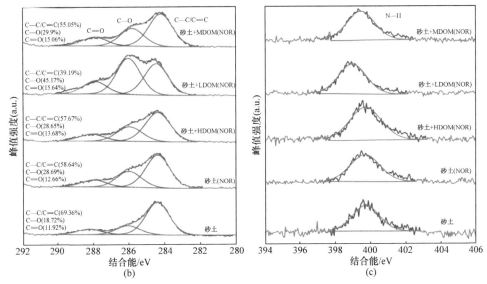

图 5-14　不同 DOM 存在下 NOR 吸附前后砂土的 XPS 图
(a) O1s 谱峰图；(b) C1s 谱峰图；(c) N1s 谱峰图
(b)中由左至右三峰依次对应为 C=O、C—O、C—C/C=C；(c)中峰对应 N—H

5.4　本章小结

　　为了更好地探究 DOM 对 NOR 的吸附行为的影响，本章首先对吸附剂原生细砂进行了表征，探究了三种外源性 DOM 在细砂上的吸附动力学特征及等温吸附特征，对 DOM 进行了元素分析、3D-EEM 分析、紫外-可见光谱分析及分子尺寸测定。然后，通过吸附动力学实验、吸附等温实验阐明三种不同的 DOM 条件下 NOR 在细砂上的吸附行为，深入了解各种因素(接触时间、温度、初始 pH 和离子强度)对吸附的影响，使用 TOC 分析仪、SEM、FTIR 和 XPS 进一步研究了吸附机制。

　　(1) 在 DOM 吸动力学附实验中，三种 DOM 在细砂上的吸附量为 HDOM > LDOM > MDOM。选择准一级动力学模型、准二级动力学模型和 Elovich 模型对吸附动力学数据进行拟合。结果表明，Elovich 模型(R^2 为 0.9600~0.9800)更适合拟合实验数据，说明 DOM 在细砂表面的吸附过程涉及化学吸附，这成为 DOM 与 NOR 存在竞争吸附的有力证据之一。利用初始质量等温线模型对等温吸附实验数据进行拟合。三种 DOM 在细砂上的吸附等温线趋势相近。细砂对 HDOM 的吸附量均高于 LDOM 和 MDOM。HDOM 的分布系数 K_d^* 最大，说明 HDOM 可能会优先吸附在细砂表面。表征结果表明，三种 DOM 中均含有大量的 C 和 O 元素，总质量分数均在 90%以上。三种 DOM 的极性为 MDOM＞HDOM＞LDOM，三种 DOM 的芳香度和疏水性为 HDOM＞LDOM＞MDOM。分子尺寸为 HDOM＞MDOM＞LDOM。因此，HDOM 具有较高的芳香度和较大的分子尺寸，可能会更有利于其优先吸附，进而改变细砂颗粒的孔隙结构。

(2) 在 NOR 吸附动力学实验中，DOM 的存在延长了吸附平衡时间，明显抑制了 NOR 的吸附，这主要归因于 DOM 和 NOR 对吸附位点的竞争，以及在溶液中形成 DOM-NOR 复合物。三种 DOM(10mg/L)对 NOR 的吸附能力的抑制作用依次为 HDOM＜LDOM＜MDOM。吸附动力学数据采用准一级动力学模型、准二级动力学模型、Elovich 模型、双室一级动力学模型四种模型进行拟合。双室一级动力学模型(R^2 为 0.9800～0.9900)拟合优于其他三种模型，DOM 的存在降低了 k_{f_1}/k_{f_2}，减弱了双室吸附现象。随着 DOM 浓度的增加，DOM 和 NOR 分子之间的共吸附和累积吸附效应呈上升趋势。HDOM 与 NOR 的结合能力比 LDOM 和 MDOM 差。

(3) 在 NOR 吸附等温实验中，利用线性模型、Freundlich 模型和 Dubinin-Radushkevich 模型进行拟合。吸附分配系数 K_d 的变化说明外源性 DOM 改变了细砂的吸附亲和力。在吸附热力学实验中，NOR 在细砂表面的吸附是一个自发吸热过程，高温有利于吸附的进行。而且，在所有温度下，$-20＜\Delta G＜0$，说明吸附过程主要是物理吸附。加入 LDOM 或 MDOM 后，ΔS 明显增加。

(4) 在影响因子实验中，存在 DOM 的情况下，酸性条件可以促进 NOR 吸附，抑制 NOR 的迁移。在较低的 pH 下，加入 MDOM 后 NOR 的吸附量低于 HDOM 和 LDOM，说明 MDOM 更容易与 NOR 分子形成复合物。在较高的 Na^+浓度下，NOR 吸附量较低。这主要是因为 Na^+对土壤表面吸附位点的竞争能力增强。Na^+浓度越大，HDOM、LDOM 和 MDOM 存在体系中细砂表面 Zeta 电位差异就越明显。较高浓度的 Na^+产生电荷屏蔽效应，促进了 DOM 在溶液中的聚集，进一步影响了 NOR、DOM，甚至 DOM-NOR 复合物与细砂的结合。

(5) 根据 SEM 和 TOC 含量分析，发现引入 DOM 吸附在有机碳含量较低的细砂表面会改变细砂颗粒的表面吸附位点或内部间隙，进而改变吸附机制。存在 MDOM 体系中，细砂表面更加光滑，HDOM 存在下则更为粗糙。通过对 NOR 吸附前和吸附后的细砂的 FTIR 图谱和 XPS 能谱，进一步从微观角度证实了 NOR 在细砂上的吸附以物理吸附(静电作用、范德瓦耳斯力)为主，同时存在化学吸附(氢键、π-π 相互作用等)。综上所述，DOM 对 NOR 在细砂上的影响机理及 NOR 吸附机制如图 5-15 所示。

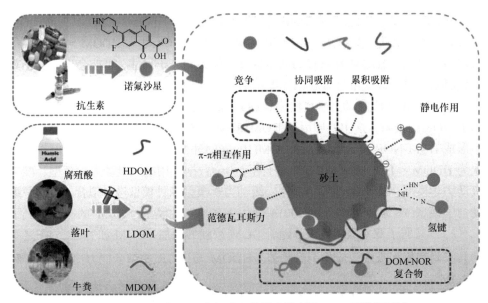

图 5-15　DOM 对 NOR 在细砂上的影响机理及 NOR 吸附机制图

第6章　再生水入渗条件下微塑料对抗生素的
吸附作用

6.1　微塑料对抗生素的吸附模型

6.1.1　吸附动力学模型

吸附动力学是对吸附过程中吸附量和时间关系进行探究，进而揭示吸附剂结构和吸附性能之间关系的科学，对于预测吸附进程和吸附结果有着重要意义[318]。通常，吸附过程主要包括三个步骤：一是外扩散过程，指吸附质从流体主体以流扩散的形式传递到吸附剂的表面；二是内扩散过程，指吸附质从吸附剂的外表面进入吸附剂的微孔内，然后再扩散到固体的内表面；三是表面吸附过程，指吸附质在吸附剂内表面上被吸附剂所吸附。相关研究认为，准一级动力学模型能够较好地描述盐酸环丙沙星(CIP)在聚苯乙烯(PS)上的吸附[319]，以及磺胺二甲嘧啶(SMT)在聚酰胺(PA)、聚乙烯(PE)、聚氯乙烯(PVC)和聚丙烯(PP)上的吸附[320]。表明此类 ATs 在 MPs 上的吸附受扩散步骤控制，并且反应速率由某一种作用机制主导。例如，CIP 在 PS 上的吸附主要是因为 CIP 在 PS 周围的液膜中扩散，这可能与 MPs 表面的疏水性有关[318]。

OTC 在 PS 和 PE 上的吸附[321]、泰乐菌素(TYL)在 PE、PP、PS 和 PVC 上的吸附[322]、磺胺甲噁唑(SMZ)在 PE 上的吸附[323]、SMT 在 PS 和聚对苯二甲酸乙二醇酯(PET)上的吸附[320]，以及 CIP 在老化 PS 和老化 PVC 上的吸附能更好地用准二级动力学模型来描述[318]，表明化学吸附是此类 ATs 在 MPs 上吸附的主导作用机制[324]。与准一级动力学模型相比，准二级动力学模型的整个吸附过程强调的是吸附质与吸附剂之间的电子共用或电子转移。相关研究中，ATs 在新制和老化 MPs 上的吸附对准二级动力学的拟合程度更好，且绝大多数吸附过程都可以用准二级动力学模型来描述，说明绝大多数 ATs 在 MPs 上的吸附是多种机制共同作用的结果[318]。例如，SMT 在 PS 和 PET 上的吸附机理主要是静电作用和范德瓦耳斯力作用[324]。

本书发现不同 ATs 在老化前后的 MPs 上吸附的平衡时间不同，Guo 等认为传质过程和吸附速率可能会影响污染物在 MPs 上的平衡时间[320,325]。另外，杨杰和张凯娜发现四环素(TC)和 OTC 在 PE 和 PS 上吸附的平衡时间都为24h[326,327]，可能是因为两种 ATs 都是四环素类抗生素，有着相似的吸附过程。Guo 等发现 SMT 在新制 PE 和 PS 上吸附的平衡时间为 16h，而在老化 PE 和老化 PS 吸附的平衡时间为 8h，采用混合(mixed-order，MO)动力学模型计算得到老化 PE 和 PS 的准一级速率常数(k_1)均为 0，准二级速率常数(k_2)分别为 0.0000594g/(mg·h)和 0.0001780g/(mg·h)，表明吸附发生在 MPs 活性位点[328]。新制 PE 和 PS 的 k_1 分别为 0.947h^{-1} 和 2.80h^{-1}，k_2 分别为 13.8g/(mg·h)和 87.9g/(mg·h)，表明可能同时发生外扩散、内扩散和活性位点的吸附，这说明老化过程可能影响了 ATs 在 MPs 上的传质过程和吸附速率。

6.1.2 等温吸附模型

等温吸附模型中通常会选用吸附等温线对一定温度下吸附质分子在两相界面上吸附过程达到平衡时吸附质在两相浓度之间的关系进行描述[328]。对吸附等温线拟合获得的参数往往可以对吸附过程中能量转化有更深层次的了解。对吸附等温线拟合时往往会用到线性模型、Freundlich 模型和 Langmuir 模型三种经典的等温吸附模型，每种模型的理论不同，适用范围也不相同。因此，本小节用了线性模型、Freundlich 模型和 Langmuir 模型三种等温吸附模型对吸附实验数据进行拟合(表 6-1)，以更好地了解等温吸附过程。

表 6-1　新制微塑料对抗生素的等温吸附模型拟合参数

MPs	ATs	Q_{max} /(mg/g)	lgK_{ow}	K_d/(L/kg)	K_F/{[mg$^{(1-1/n)}$·L$^{1/n}$]/kg}	1/n	K_L/(L/kg)	参考文献
PE	SDZ	W — SW —	−0.09	W 6.190 ±0.238 SW 6.260 ± 0.630	W 2.200 ± 3.130 S 3.000 ±2.980	0.714	W n.a. SW n.a.	[329]
	SMZ	W 0.10500	0.79	W 591.700± 24.100	W 665.000± 57.800	0.855	W—	[323]
		W 0.04609 W 0.66000	0.89	W 700.000± 350.000 W 30.000	W 3090.000± 660.000 W 61.300	0.676	W— W 70.000L/kg	[328]
	SMT	W —	0.14	W 23.500	W 20.900	0.833		[330]
	TC	W 0.15400 W 0.10900± 0.00362	−1.19	W — W —	W 75.000 W 85.900± 3.640	— 4.673	W 1224.000L/kg W (0.126± 0.020)L/kg	[331]、 [332]
	OTC	W 0.91000± 0.12000 SW 0.19000± 0.03200	−1.22	W 15.000± 3.200 SW 4.200± 0.200	W 34.000±2.900 SW 9.700±1.000	1.408	W (110.000± 11.000)L/kg SW (33.000±8.000)L/kg	[333]
	CIP	W 0.20000± 0.01430	1.32	W 55.100 ±7.940	W 222.000± 5.690	2.545	W 0.443L/kg	[331]
	TYL	W 0.00170	1.80	W 62.750	W 131.710	1.311	W —	[334]

续表

MPs	ATs	Q_{max}/(mg/g)	$\lg K_{ow}$	K_d/(L/kg)	K_F/{[mg$^{(1-1/n)}$·L$^{1/n}$]/kg}	$1/n$	K_L/(L/kg)	参考文献
PE	AMX	W 0.13100± 0.02840	0.87	W 8.400 ±0.675	W18.000± 2.270	1.570	W 0.174L/kg	[331]
	TMP	W 0.15400± 0.04130 SW 0.08680± 0.00510	0.91	W 8.380 ± 1.320 SW 6.470 ± 1.020	W 22.000±2.590 SW 23.200± 0.861	1.786	W 0.116L/kg SW 0.469L/kg	[331]
PA	SDZ	W— SW—	−0.09	W 7.360 ± 0.257 SW 6.560 ± 0.496	W 1.100 ± 0.196 SW 2.530± 0.226	0.585	W n.a. SW n.a.	[331]
	SMZ	W 96.40000	0.89	W 284.000	W 205.000	1.181	W 2.500L/kg	[328]
	SMT	W —	0.14	W 38.700	W 28.600	0.870	W —	[320]
	TC	W 3.84000± 0.83900 SW 0.08780± 0.01920 W 0.07500	−1.19	W 356.000± 38.200 SW 4.440 ± 0.963 W —	W 588.000± 128.000 SW 12.400± 5.670 W n.a.	1.431 —	W 0.189L/kg SW 0.152L/kg W 809.000L/kg	[331]、 [326]
	CIP	W 2.2000 ±0.6570	1.32	W 96.500 ±7.810	W 170.000± 45.200	1.350	W 0.0740L/kg	[331]
	AMX	W 22.7000± 22.6000	0.87	W 756 ± 48.000	W 700.000± 31.800	1.111	W 0.0361L/kg	[331]
	TMP	W 0.4680 ±0.1280 SW 0.1300± 0.0320	0.91	W 17.10 ± 1.240 SW 5.890 ±1.050	W 36.000± 6.150 SW 10.000± 1.640	1.437	W 0.0646L/kg SW 0.1130L/kg	[331]
PS	SDZ	W — SW —	−0.09	W 7.390 ±0.308 SW 6.800 ± 0.352	W 4.100 ± 2.180 SW 5.690± 2.910	0.820	W n.a. SW n.a.	[331]
	SMZ	W 0.7120	0.89	W 29.700	W 51.500	0.751	W 68.7000L/kg	[328]
	SMT	W — W —	0.14	W 29.300 W 21.000	W 5.730 W 27.000	0.870 —	W — W —	[330]、 [325]
	TC	W 0.0860 W 0.167±0.00774	−1.19	W — W —	W 41.000 W 138.000± 7.280	— 4.762	W 1114.000L/kg W (0.0760± 0.0160)L/kg	[326]、 [323]
	OTC	W 1.5200 ±0.1200 W 3.4000±0.8800 SW 0.2900±0.0150	−1.22	W 41.700 ±5.000 W 52.000± 190.000 SW 6.800±0.500	W 425.000± 46.000 W 120.000± 14.000 SW 17.000± 4.700	0.320 1.316	W (0.1700± 0.0600)L/μg W (65.0000± 13.0000)L/kg SW (42.0000± 13.0000)L/kg	[335]、 [327]
	CIP	W 0.4160 ±0.0427 W 10.2000	1.32	W 51.500 ± 7.760 W 0.210	W 205.000± 17.000 W 0.580	3.165 0.704	W 1.6700L/kg W 0.9590L/kg	[331]、 [318]
	TYL	W — W 0.6667 W 0.0033	1.80	W 134.100 W 28.880 W 134.100	W 284.430 W 63.350 W 284.430	1.304 1.387 1.304	W 3333.3300mg/kg W n.a. W n.a.	[322]、 [327]、 [334]

MPs	ATs	Q_{max} /(mg/g)	$\lg K_{ow}$	K_d/(L/kg)	K_F/{[mg$^{(1-1/n)}$·L$^{1/n}$]/kg}	$1/n$	K_L/(L/kg)	参考文献
PS	TMP	W 0.1740 ±0.0385 SW 0.1660± 0.1220	0.91	W 9.510 ± 1.070 SW 7.300 ± 0.912	W 32.100± 2.480 SW 13.900± 2.880	1.972	W 0.1580L/kg SW 0.0969L/kg	[331]
PP	SDZ	W — SW —	−0.09	W 7.850 ± 0.679 SW 7.130 ± 0.952	W 8.000 ± 7.140 SW 6.480± 8.790	1.065	W n.a. SW n.a.	[331]
	SMZ	W 6.9000	0.89	W 30.900	W 5.840	0.633	W 4.6000L/kg	[328]
	SMT	W —	0.14	W 15.100	W 35.300	1.754	W n.a.	[330]
	TC	W 0.11300± 0.00445	−1.19	W n.a.	W 101.000± 4.290	6.452	W (0.0390± 0.0100)L/kg	[323]
	CIP	W 0.61500± 0.02990	1.32	W 57.100 ± 11.500	W 252.000± 33.300	2.899	W 0.8440L/kg	[331]
	TYL	W 0.00330	1.80	W 94.130	W 183.460	1.270	W 3333.3300mg/kg	[334]
	AMX	W 0.29400± 0.07020	0.87	W 17.500 ± 3.390	W 60.000± 6.550	1.851	W 0.3760L/kg	[331]
	TMP	W 0.10200± 0.01420 SW 0.05970± 0.00926	0.91	W 9.710 ± 2.280 SW 3.930 ± 0.944	W 32.300± 4.010 SW 18.400± 2.650	2.222	W 0.4980L/kg SW 0.5510L/kg	[331]
PVC	SDZ	W — S —	−0.09	W 6.610 ± 0.549 S 5.370 ± 0.598	W 3.200 ± 2.910 S 0.850 ±0.308	0.787	W n.a. S n.a.	[331]
	SMZ	W 2.80000	0.89	W 28.200	W 14.200	1.310	W 0.1950L/kg	[331]
	SMT	W —	0.14	W 18.600	W 46.600	1.876	W n.a.	[331]
	CIP	W 0.45300± 0.00860 W 11.70000	1.32	W 41.500 ± 7.830 W 0.215	W 184 ± 6.190 W 0.550	2.700 0.725	W 1.1500L/kg W 0.9660L/kg	[331]、 [318]
	TYL	W 0.00330	1.80	W 155.270	W 362.060	1.381	W 3333.3300mg/kg	[322]
	AMX	W 0.52300± 0.36800	0.87	W 24.700 ± 1.200	W 20.000± 8.860	0.934	W 0.0657L/kg	[331]
	TMP	W 0.48100± 0.49600 SW 0.03410± 0.01350	0.91	W 8.410 ± 1.200 SW 5.450 ± 0.492	W 13.400± 6.580 SW 19.000± 2.460	1.188	W 0.0259L/kg SW 1.4600L/kg	[331]
PET	SMZ	W 114.00000	0.89	W 22.200	W 24.700	0.952	W 37.2000L/kg	[328]
	SMT	W —	0.14	W 22.600	W 12.000	0.769	W n.a.	[320]

注：其中 Q_{max} 为最大吸附量，mg/g；K_d 为分布系数，L/kg；K_F 为 Freundlich 常数，[mg$^{(1-1/n)}$ · L$^{1/n}$]/kg；K_L 为 Langmuir 常数，L/kg；SDZ 为磺胺嘧啶；AMX 为氨苄西林；TMP 为甲氧氨苄嘧啶。n.a.表示吸附过程不能与吸附模型拟合；SW 表示在海水环境中的吸附；W 表示在纯水环境中的吸附；—表示未提及。

研究表明，等温吸附的线性关系因吸附质和吸附剂类型的不同而不同[329]。线性模型表明，吸附过程中污染物在吸附剂和溶液之间的分配作用占主导地位，线性吸附系数 K_d 也称为分布系数，代表了 MPs 对 ATs 的吸附亲和力[330]。数据表明，SMZ 和 SMT 在 PS、PVC、PP、PET 上的吸附[328]，SDZ 和 AMX 在 PP、PVC、PE 上的吸附[331]，TYL 在 PE、PS 和 PVC 上的吸附[322]，CIP 在老化 PS 和老化 PVC 上的吸附[318]，以及 SMT 和 CEP—C 在老化 PE 和老化 PS 上的吸附[320,332]能较好地用线性模型来描述，因此其吸附机制主要是分配作用。有学者报道了这些 ATs 在 MPs 上吸附的 K_d，如新制 PE 上 SDZ、PE 上 AMX、PVC 上 SDZ 和 PVC 上 AMX 吸附的 K_d 分别为 6.190L/kg±0.238L/kg、8.400L/kg±0.675L/kg、6.610L/kg ± 0.549L/kg 和 24.700L/kg±1.200L/kg[331]，本书发现 AMX 在 PE 和 PVC 上的 K_d 都要高于 SDZ 在两种 MPs 上相应的 K_d，这可能与两种 ATs 的疏水性有关。通过计算已有研究中符合线性吸附规律吸附体系的 $\lg K_d$，将其与 ATs(SDZ、AMX、TYL、SMT、SMZ)的 $\lg K_{ow}$ 进行比较，发现较高 $\lg K_{ow}$ 的 ATs 在 MPs 上表现出较大的 $\lg K_d$(图 6-1)，即高 $\lg K_{ow}$ 的 ATs 在线性吸附体系中具有高 K_d，说明疏水作用在线性吸附体系中是主导作用机制。

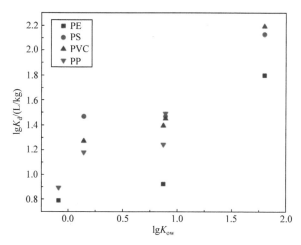

图 6-1　正辛醇-水分配系数与线性吸附系数的关系

数据来源于文献[320]、[321]、[323]、[328]、[331]

非线性吸附表明吸附位点分布不均匀，这很可能是因为吸附质与吸附剂相互作用[333]。Freundlich 模型是一个经验公式，其所描述的是吸附剂表面不均匀，并且较适用于描述多分子层吸附，可以通过 $1/n$(吸附指数)来判断等温线的非线性程度：$1/n$ 越小，吸附性能越好，说明吸附的非线性程度越小，表面分布越均匀。另外，当 $1/n < 1$ 时发生的是单层吸附，而当 $1 \leqslant 1/n \leqslant 2$ 时发生的是多层吸附，当 $1/n > 2$ 时难以吸附。数据表明，TYL 在 PP 上的吸附($1/n = 1.270$)[322]，CIP 在 PS、PE 和 PVC 上的吸附($1/n$ 为 3.165、2.545、2.700)[331]，OTC 在 PE 和 PS 上的吸附($1/n$ 为

1.408、1.316)[327]，TMP 在 PP、PS、PE 和 PA 上的吸附(1/n 为 2.222、1.972、1.786、1.437)[331]都能够用 Freundlich 模型较好地描述，且 1/n(n 为 1.269～3.165)均大于 1，表明此类 MPs 表面对 ATs 的吸附位点存在明显的非均质性，其吸附以异质多层吸附机制为主，而通常范德瓦耳斯力主导的物理吸附可能导致多层吸附[328]。此外，研究表明在一定范围内，随着初始浓度的增加，吸附趋势逐渐减小。这可能是因为在吸附过程中 MPs 的高能吸附位点首先被 ATs 占据，然后随着吸附地进行低能吸附位点才开始吸附 ATs[319]。本书收集到的资料中，大多数吸附体系都与 Freundlich 模型有较高的拟合度，说明在 MPs 与 ATs 的吸附体系中主要发生的可能是范德瓦耳斯力导致的多层吸附。

相反，Langmuir 模型是基于吸附剂分子表面一致、吸附位点相同且分布均匀、吸附仅仅是单层的、吸附质分子之间不会相互影响的假设，即吸附过程只发生在吸附剂的外表面，是简单的非线性模型且为化学吸附。数据表明，CIP 在 PP、PA 和 PVC 上的吸附[331]，TC 在 PA、PE、PP 和 PS 上的吸附[321,323]，其吸附等温线能很好地用 Langmuir 模型来描述，说明此类 ATs 在 MPs 上的吸附是以单层饱和吸附为主，且 ATs 分子与 MPs 表面官能团可能发生电子的转移、交换或共用，从而形成离子型、共价型、自由基型和络合型等吸附化学键。因此，模型拟合在一定程度上能够解释 MPs 对 ATs 的载带机制。

6.2　微塑料对抗生素的吸附机制

6.2.1　新制微塑料对抗生素的吸附机制

1. 疏水作用

一般情况下，疏水作用主导了 MPs 对疏水性污染物的吸附机制[336]。从等温吸附的模型拟合情况来看，疏水作用在一定程度上也主导了 MPs 对 ATs 的吸附。如表 6-2 所示，ATs 在不同 MPs 上的吸附能力差异很大。除 PA 外，其他 4 种 MPs(PP、PS、PE 和 PVC)上 5 种 ATs 的吸附量按 CIP> AMX> TMP> SDZ> TC 的顺序依次降低，且其 K_d 的大小也与这一规律一致。同样，PS 对 SMZ、SMT 和 CEP—C 的吸附能力与 ATs 自身 lgK_{ow} 的大小顺序一致[328,329]。另外，Xu 等发现在中性条件下，PE、PS 和 PP 对 TC 的吸附机制同样是疏水作用主导的[323]。这些结果表明，较高 lgK_{ow} 的 ATs 显示出对 MPs 较高的亲和力[331,332]。除 OTC 之外，SMT、SMZ、TYL 在 PE、PS 和 PVC 上的单位比表面积吸附量(Q/SSA)与 lgK_{ow} 正相关(图 6-2)，说明疏水作用可能从一定程度上主导了 MPs 对 ATs 的吸附。另外，ATs 在 PE 上的单位比表面积吸附量最大，这可能与 PE 有着较小的 SSA 有关。

另外，ATs 与 MPs 的吸附率与正辛醇-水分配系数没有明显的线性关系(图 6-3)，在 $\lg K_{ow} < 0.14$ 时，ATs 在 MPs 的单位比表面积吸附量和吸附率与 $\lg K_{ow}$ 呈负相关关系，说明在极具亲水性的 ATs(如 TC 和 OTC)中，疏水作用可能并非其吸附机制，而 CIP 在 PS 上的平衡吸附率变化趋势不一致的原因可能与极性和结晶度有关[337]。本书相关研究表明，TMP($\lg K_{ow} = 0.91$)相对 AMX($\lg K_{ow} = 0.87$)而言，具有更高的疏水性能，但是在相同条件下 AMX 在 MPs(PA、PP、PVC)上的吸附量更大，说明疏水作用对较低疏水性的 AMX 在 MPs 上吸附的影响有限，疏水作用并非是其吸附的主导作用机制，静电作用可能主导该吸附过程[331]。

表 6-2　微塑料吸附抗生素的相关数据

MPs	ATs	$\lg K_{ow}$	吸附率 /%	Q/SSA /(mg/ m²)
PE	OTC	−1.22	8.00	3.4770
	TC	−1.19	33.60	0.0398
	SMT	0.14	5.46	0.2364
	SMZ	0.89	15.36	1.9048
	TYL	1.80	6.40	3.6990
PS	OTC	−1.22	5.07	0.7490
	TC	−1.19	25.60	64.0000
	SMT	0.14	6.37	0.1090
	SMZ	0.89	7.33	0.7534
	CIP	1.32	4.08	—
	TYL	1.80	13.47	2.6520
PA	TC	−1.19	30.00	0.0086
	SMT	0.14	8.21	0.1710
	SMZ	0.89	39.33	4.9167
PP	TC	−1.19	56.50	3.0959
	SMT	0.14	7.40	0.2357
	SMZ	0.89	7.33	1.4012
	TYL	1.80	8.38	2.4080
PVC	SMT	0.14	6.57	0.0780
	SMZ	0.89	7.33	0.5226
	CIP	1.32	21.92	—
	TYL	1.80	15.44	1.8470

注：　"—"表示文献未提及。数据来源为文献[318]、[320]、[322]~[335]。

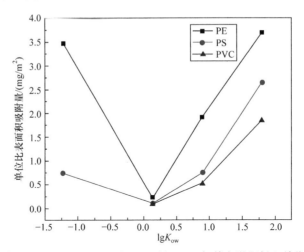

图 6-2　不同抗生素(OTC、SMT、SMZ 和 TYL)的 lgK_{ow} 与其在微塑料上单位比表面积吸附量之间的关系

数据来源文献为[320]、[322]、[327]、[328]、[334]

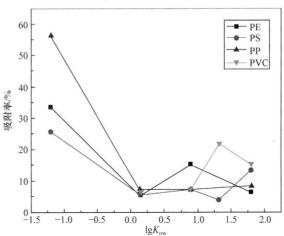

图 6-3　不同抗生素(TC、SMT、SMZ、CIP 和 TYL)的正辛醇-水分配系数与其在微塑料上吸附率之间的关系

数据来源文献为[318]、[320]、[322]、[323]、[328]、[334]、[335]

吸附率计算公式：

$$e = \frac{C_0 - C_e}{C_0} \times 100\%$$

式中，C_0 为吸附之前吸附质浓度；C_e 为吸附后的吸附质浓度。

2. 氢键作用

氢键是指氢原子与电负性大的原子以共价键形式结合时，形成的一种特殊的分子间或分子内相互作用，氢键的形成被认为是 MPs 对 ATs 的又一载带机制[331]。有研究者认为氢键是 PA 比其他 MPs(PP、PE 和 PVC)对 AMX、TC 和 CIP 具有更高吸附力的原因，PA 中酰胺基可以作为质子供体基团，AMX、TC 和 CIP 中存在的羰基可以作为质子受体基团，从而形成氢键，大大增强了 MPs 对 ATs 的亲和力[321,338]。Liu 等发现吸附 CIP 前后，PS 和 PVC 的 FTIR 图谱形状相似，并且显著的峰以相似的波数出现，从而推测在吸附后约 $3500\,cm^{-1}$ 处的新峰可能来自分子间的氢键，表明氢键是 PS 和 PVC 吸附 CIP 的一种可能机制[318]。Guo 等认为当吸附体系中存在盐离子时，由于大量金属阳离子(如 Na^+)占据了 SMZ 在 PA、PE、PET、PVC 和 PP 的结合位点，但 MPs 对 SMZ 仍有所吸附，此时氢键的形成可能是 SMZ 在 5 种 MPs 上吸附的主要机理[320]。在 SMT 与这 5 种 MPs 的吸附体系中，未检测到氢键的存在[328]。说明单纯只从形成氢键的角度分析并不能完全解释 MPs 和 ATs 的相互作用机制。

3. 静电作用

ATs 的酸度系数(pK_a)、溶液的 pH 和 MPs 的零电点(PZC)之间的关系决定了静电吸引/排斥的相互作用，从而可能影响 ATs 与 MPs 之间的吸附过程[339]。当溶液的 pH 高于 MPs 的零电点(表 6-3)时，在吸附体系中，MPs 所带的电荷为负电荷，当溶液的 pH 低于 MPs 的零电点时，在吸附体系中，MPs 所带的电荷为正电荷[331]。通常，MPs 在溶液中带负电荷。ATs 有着类似的性质，在高 pH 条件下，ATs 主要是阴离子形态。例如，SMZ 和 SMT 在 PE、PS、PET、PVC 和 PP 上的吸附行为就是静电斥力作用所致，其吸附量随 pH 的增加而降低，在碱性条件下表现为阴离子互斥，致使吸附量减少[320]，TC 在 PE、PS 和 PP 上的吸附也有着相似的规律[323]。在 pH 为 6.7～7.1 的淡水系统中(表 6-4)，有一部分 CIP 为阳离子存在形态，由于静电吸引，CIP 阳离子存在形态增强了其在带负电荷的 MPs 表面上的吸附能力[331]。另外，吸附体系中其他阳离子会干扰 MPs 与 ATs 之间的静电作用。Guo 等发现在盐(如 NaCl)的存在下，SMZ 在 PA、PE、PET、PVC 和 PP 上的吸附能力都有所降低，这是因为 Na^+会与优先与 MPs 的吸附位点结合[328]。通常海水比纯水的 pH 和盐度要高，所以在同等条件下海水中有着更低的吸附量。

表 6-3　塑料种类和性能

MPs	结晶度	极性特征	玻璃化转化温度 Tg/℃	零电点 (PZC)	密度 /(g/cm³)
PP	半晶状	非极性	−49～−20	6.76	0.88～1.23
PE	半晶状	非极性	−125～−110	6.63	0.92～0.97
PS	非晶态	弱极性	90～100	6.69	1.04～1.50

MPs	结晶度	极性特征	玻璃化转化温度 Tg/℃	零电点 (PZC)	密度 /(g/cm³)
PVC	非晶态	极性	60～100	6.65	1.15～1.70
PET	非晶态	极性	90	—	1.30～1.50
PA	半晶状	极性	73～78	6.52	1.12～1.14

注："—"表示文献未提及。结晶度遵循以下顺序：PE> PP> PA≈PS> PVC[321]。数据来源文献为[331]、[340]。

表 6-4　抗生素的理化性质

ATs	结构	lgK_{ow}	pK_a	水(pH=6.7～7.1)	海水(pH=8.0)
CIP		1.32	pK_{a1}=6.20，pK_{a2}=8.80	两性离子、阴离子、阳离子	两性离子、阴离子
TYL		1.80	pK_a=7.10	两性离子、阴离子	阴离子
SDZ		−0.09	pK_{a1}=2.00±1.00，pK_{a2}=6.40±0.60	两性离子、阴离子	两性离子、阴离子
TMP		0.91	pK_{a1}=3.20，pK_{a2}=6.80	两性离子、阴离子	两性离子、阴离子
TC		−1.37	pK_{a1}=3.30，pK_{a2}=7.70，pK_{a3}=9.30	两性离子、阴离子	两性离子、阴离子
OTC		−1.22	pK_{a1}=3.27，pK_{a2}=7.32，pK_{a3}=9.11	两性离子、阴离子	两性离子、阴离子

ATs	结构	$\lg K_{ow}$	pK_a	水(pH=6.7~7.1)	海水(pH=8.0)
AMX		0.87	$pK_a=7.40$	两性离子、阴离子	两性离子、阴离子
SMT		0.14	$pK_{a1}=2.28$, $pK_{a2}=7.42$	两性离子、阴离子	—
SMZ		0.79	$pK_{a1}=1.70$, $pK_{a2}=5.70$	两性离子、阴离子	—

注："—"表示文献中未提及。数据来源文献为[318]、[326]、[331]。

4. 其他作用

MPs 的极性可能会影响 ATs 的吸附[337]。由于极性作用对极性化学物质的吸附，一般而言，极性 MPs 被认为有很强的吸附能力[341]，极性 PA 表现出对极性 SMT 的高吸附能力[328]。但在纯水体系中，只有 PA 对 CIP、TMP、AMX 和 TC 具有较高的吸附能力，而极性的 PVC 对极性 ATs 的吸附力较低，表明 MPs 的极性作用并不是影响其吸附容量差异的主导机制[331]。因此，吸附过程可能是多种作用共同影响的结果。一般而言，脂肪族聚合物会发生范德瓦耳斯力相互作用，而芳香族聚合物会发生 π-π 相互作用[342]。因此，可能在 PS 表面存在非特定的范德瓦耳斯力和 π-π 的双重作用，而在 PE 表面只存在范德瓦耳斯力，这导致 CIP、TMP、SMZ 和 OTC 在 PS 上的吸附量 Q 更高(图 6-4)[325,331]。对于 PS 可能同时发生极性和 π-π 的相互作用，从而增加了 TC 的吸附[323]。张凯娜[321]则认为 TC 在 PE 和 PS 上的吸附以范德瓦耳斯力和微孔填充机制为主，且吸附过程未发生化学反应。另外，SMT 在 PA、PS、PVC 和 PP 上的吸附也可能受到静电作用和范德瓦耳斯力共同作用[325]。

6.2.2　老化微塑料对抗生素的吸附机制

1. 实验室老化条件下微塑料对抗生素的作用机制

通常，暴露在外界环境中的 MPs 往往会因为紫外线照射、高温等条件发生氧化，而氧化过程可能会通过改变 MPs 的自身性质来影响其与污染物质的相互作

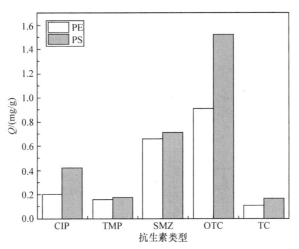

图 6-4　不同抗生素在 PE 和 PS 上的吸附量

数据来源文献为[320]、[322]、[323]、[327]、[331]

用。已有研究证明，MPs 老化的机制是表面氧化[337]。虽然老化过程未改变 MPs 的分子结构，但是可能会降低 MPs 的疏水性[329,343]，致使老化 MPs 更加偏向对亲水性 ATs 的吸附。另外，Liu 等通过 XRD 对老化后的 MPs 进行表征，发现老化后 MPs 的结晶度普遍降低[318]。一般而言，较低的结晶度会导致较高的吸附容量[343]。然而，老化的 PS 具有比老化 PVC 更高的结晶度，但其对 CIP 的吸附能力却较高[319]，说明从结晶度角度不能很好地解释老化前后 MPs 的吸附性能变化。同时，老化过程还可能会通过增加 MPs 的比表面积(specific surface area, SSA) 来增强其对污染物的吸附亲和力[344]。Ding 等[337]认为 MPs 的 SSA 增加的主要原因是含氧官能团的产生。

除此之外，老化过程产生的含氧官能团可能会通过改变 MPs 的极性来影响其对 ATs 的吸附性能，但通常极性吸附质更倾向于吸附极性污染物质[328]。现有研究普遍赞同老化过程增加 MPs 表面含氧基团[318,337,345]。Feldman 认为羰基指数 (carbonyl index, CI, 指聚合物的 FTIR 图谱中最大羰基带和 $2851cm^{-1}$ 处对称的 —CH_2 伸缩振动处的吸光度之比)可以用来表示聚合物表面的氧化程度[345]。Hueffer 等使用人工紫外光对 PS 老化了 96h 后，其 CI 从 0.36 增加到了 1.61[329]。徐鹏程等使用人工紫外光对 PS 进行了老化，90d 后 CI 从 0.72 增加到了 2.98[346]。同样，Liu 等使用人工紫外光对 PS 和 PVC 进行了 96h 的老化，CI 从 0.46 增加到了 1.41[318]。另外，Ding 等[337]分别将 PS 置于纯水和海水中，在 75℃高温条件下对其进行 90d 的老化后，发现氧碳原子比(O/C)分别从 0.008 增加到 0.074 和 0.134。说明了老化后的 MPs 表面产生了大量的含氧基团，且老化时间越长，CI 和氧碳原子比越大[337]，表明产生的含氧基团越多，从而增强了 MPs 对 ATs 的吸附能力

(图 6-5、表 6-5)。Guo 等在老化的 PS 上观察到新出现了 3300cm⁻¹ 处的峰,表明 PS 吸收辐射后发生光氧化,从而引起 C—H 断裂和自由基的形成[343]。另外,Xu 等在老化 PE 的 FTIR 图谱上发现新出现 1700cm⁻¹ 处的峰,并认为此峰为 C═O 的特征峰[323]。羰基可以通过增加 MPs 的极性,来提高其对极性 ATs 的吸附能力[337]。这些含氧官能团一方面可以增加 MPs 的极性,另一方面还有助于氢键的产生。Liu 等发现老化前后的 PS 和 PVC 在吸附 CIP 前后的 FTIR 图谱形状相似,在图谱中均出现了 3500cm⁻¹ 处的特征峰,但老化 MPs 的峰面积更大,该峰可能来自羟基、羧基及部分分子之间的氢键[318],图谱也显示了分子内氢键的存在,因此该 CIP 在老化 MPs 上的吸附机制可能来源于氢键[319]。Guo 等发现在模拟海水中,静电作用致使 SMZ 和 SMT 不会吸附到老化 PE 和老化 PS 上,然而表面络合作用能够使 CEP—C 在老化 PE 和老化 PS 上的吸附量增加[343]。除了老化时间之外,老化的方式也会对 MPs 的吸附性能产生影响(图 6-5)。一般情况下,相同的老化时间,在液体(纯水和海水)环境中老化比在空气中老化更为均匀和彻底,且海水环境中老化效果更好[337],并且紫外老化比高温老化更优[347]。

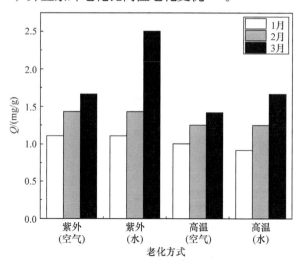

图 6-5　老化方式对抗生素在微塑料吸附量的影响

数据来源文献为[337]、[347]

表 6-5　老化条件下微塑料对抗生素的吸附

MPs	ATs		Q_{max} /(mg/g)	K_d /(L/kg)	K_F /{[mg$^{(1-1/n)}$·L$^{1/n}$]/kg}	参考文献
PE	SMT	老化前	W 0.1937	W 1.880	W 2.911	[337]
		老化后	W 0.1811 (75℃高温空气 3 月)	W 2.382	W 4.327	
			W 0.2720 (75℃高温纯水 3 月)	W 2.117	W 3.239	

MPs	ATs		Q_{max} /(mg/g)	K_d /(L/kg)	K_F /{[mg$^{(1-1/n)}$·L$^{1/n}$]/kg}	参考文献
PE	SMT	老化后	W 0.1659 (75℃高温海水 3 月)	W 2.229	W 4.037	[337]
PS	CIP	老化前	W 10.2000	W 0.210	W 0.580	[318]
		老化后	W 54.8000 (紫外老化 96h)	W 0.318	W 0.540	
	TYL	老化前	W 0.6667 W 1.1610	W 28.880 W 23.340	W 63.350 W 45.490	[337]、[347]
		老化后	W 1.1111 (紫外空气 1 月)	W 36.520	W 73.880	[337]、[347]
			W 1.4286 (紫外空气 2 月)	W 44.600	W 95.500	
			W 1.6667 (紫外空气 3 月)	W 51.000	W 166.270	
			W 1.1111 (紫外水中 1 月)	W 38.120	W 83.870	
			W 1.4286 (紫外水中 2 月)	W 46.200	W 106.240	
			W 2.5000 (紫外水中 3 月)	W 58.350	W 126.410	
			W 1.0000 (75℃高温空气 1 月)	W 34.820	W 67.530	
			W 1.2500 (75℃高温空气 2 月)	W 40.230	W 84.700	
			W 1.4286 (75℃高温空气 3 月)	W 46.210	W 101.990	
			W 0.9091 (75℃高温水中 1 月)	W 36.270	W 72.980	
			W 1.2500 (75℃高温水中 2 月)	W 41.920	W 94.200	
			W 1.6667 (75℃高温水中 3 月)	W 52.130	W 109.540	
			W 1.0886 (75℃空气高温 3 月)	W 31.740	W 78.100	
			W 1.0663 (75℃纯水高温 3 月)	W 28.820	W 67.100	
			W 1.0745 (75℃海水高温 3 月)	W 29.180	W 68.090	
	ETY	老化前	W 0.6616	W 10.980	W 18.330	[337]
		老化后	W 0.6617 (75℃空气高温 3 月)	W 14.660	W 32.720	

续表

MPs	ATs		$Q_{\max}$ /(mg/g)	K_d /(L/kg)	K_F /{[mg$^{(1-1/n)}$ · L$^{1/n}$]/kg}	参考文献
PS	ETY	老化后	W 0.6604 (75℃纯水高温 3 月)	W 13.370	W 27.890	[337]
			W 0.6731 (75℃海水高温 3 月)	W 13.690	W 28.720	
PVC	CIP	老化前	W 11.7000	W 0.215	W 0.550	[337]
		老化后	W 15.5000 (紫外老化 96h)	W 0.740	W 0.740	

注：　"W"表示在纯水中进行的吸附。

2. 自然条件老化微塑料对抗生素的作用机制

风化的 MPs 颗粒在环境中无处不在(表 6-6)，其具有尺寸小且易通过风或水流运输的特点。与实验室单一的老化方式不同，自然界的 MPs 除了发生紫外线照射和高温老化之外，往往还存在着水蚀、风化等多种老化方式[348,349]。因此，长期暴露在环境中的 MPs 性能可能因为环境因素而改变，从而影响其吸附行为[350]。

表 6-6　我国部分地区微塑料颗粒中的抗生素含量

微塑料采集地点	ATs	Q/(mg/g)	参考文献
江苏太湖	CMR	W 0.00370～0.00570	[351]
	SMR	W 0.03580～0.03930	
	TC	W 0.00070～0.00200	
	TYL	W 0.00075～0.00079	
东海	CMR	SW 0.00050～0.00060	[351]
	SMR	SW 0.01080～0.01350	
	TC	SW 0.00040～0.00220	
	TYL	SW 0.00055～0.00057	
黄海	TMP	SW 0.04400～0.28800	[325]
	TC	SW 0.27500～0.30300	
	CEP—C	SW 0.70900～0.71700	
福建福州农田	TC	S 0.01616～0.04020	[340]
	OTC	S 0.02970～0.10720	
	CTC	S 0.02402～0.08102	
	SDZ	S 0.00030～0.00089	
	SMZ	S 0.00008～0.00035	
	SMT	S 0.00101～0.00667	
	NOR	S 0.01102～0.03390	
	CIP	S 0.01708～0.06318	

注：　"W"表示淡水，"SW"表示海水，"S"表示土壤。

与实验室条件相比，自然条件中影响吸附作用的因素还有很多。例如，溶解性有机质(DOM)、颗粒物(砂子和矿物)、盐类等都会对吸附作用产生影响，因此吸附过程也更为复杂。Zbyszewski 等在海滩中采集到的老化 MPs 上鉴定出羧基等极性官能团(如 C—O—C、—OH 和—$\overset{\text{O}}{\underset{\parallel}{\text{C}}}$—)[349]。

Liu 等对自然条件下的 MPs 进行表征，发现其 CI 在 0.31~1.61，这与实验室中老化 MPs 的 CI 相近，说明在实验室单一老化条件下，可以得到与自然环境中老化程度相近的老化 MPs[318]。因此，自然老化和实验室单一条件老化的 MPs 与 ATs 的吸附机制可能相似。不同的是，环境中存在的 DOM 可以包覆在 MPs 表面，给 ATs 吸附提供了很多可供吸附的位点，使得 MPs 对极性 ATs 的吸附量增大[323]。此外，环境中还含有砂子、矿物等，它们可以通过与 MPs 复杂的竞争作用使 MPs 对 ATs 的吸附量减小[350]。环境中 MPs 可以通过生物降解释放出次生纳米塑料，纳米塑料与 MPs 相比具有更大的 SSA，可能使其对 ATs 的吸附更优。

Wang 等对江苏太湖和东海中的 MPs 进行了采集，发现江苏太湖中MPs(PE)上 ATs 含量普遍高于东海中 MPs(PE)中 ATs 的含量(图 6-6)[351]，这与实验室得出的 MPs 更倾向于淡水吸附的结论一致[320]。另外，土壤中 MPs 上的 TC 含量远高于淡水和海水(图 6-6)，这可能与土壤环境中复杂的理化性质有关[328,351,352]。

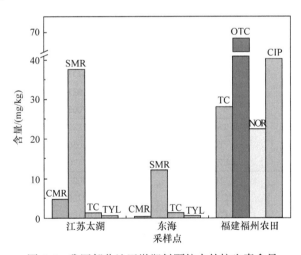

图 6-6　我国部分地区微塑料颗粒中的抗生素含量

数据来源文献为[351]、[352]

6.3　微塑料吸附抗生素的影响因素

6.3.1　外部影响因素

1. pH

如表 6-7 所示,淡水和海水系统中 MPs 对 ATs 的吸附能力有一定的差异[327,331]。通常,海水的 pH 要高于纯水,因此在同等盐度和离子强度的前提下,pH 的差异可用于解释纯水和海水系统中的不同吸附能力。Mrozik 等认为每种 ATs 和 MPs 在不同 pH 下具有不同的电荷[353]。一般高 pH 条件下,MPs 和 ATs 都有带负电荷的趋势(表 6-4),因此海水系统中的 ATs 有更高的阴离子强度。例如,当 pH<6 时,CIP 的主要存在形态是 CIP^+,这时表面带负电的 MPs 在该 pH 下会有较好的吸附量。当 pH>9 时,CIP^- 为主要存在形式,由于静电排斥,MPs 对 CIP 的吸附量大幅度降低[319,323]。类似地,在 pH=6.0 时,TC 在 MPs 上的吸附量达到了最大值,而在较低或较高的 pH 下,由于静电排斥的影响,MPs 对 TC 吸附能力均下降。已有研究表明,高 pH(碱性)条件下 MPs 和 ATs 之间增强的静电排斥力将降低吸附水平[354,355]。Xu 等发现不同 pH 条件下 PE 对 SMZ 的吸附能力几乎没有什么影响,表明 pH 在吸附过程中的影响作用有限[323]。

表 6-7　微塑料在纯水和模拟海水中对抗生素的吸附量

MPs	ATs	Q_{sw}/(mg/g)	Q_w/(mg/g)	参考文献
PE	OTC	0.19000±0.03200	0.91000±0.12000	[327]
	TMP	0.08680 ±0.00510	0.15400 ±0.04130	[331]
PA	TC	0.08780 ±0.01920	3.84000 ±0.83900	[331]
	TMP	0.13000 ±0.03200	0.46800 ±0.12800	[331]
PS	OTC	0.29000±0.01500	3.40000±0.88000	[327]
	TMP	0.16600 ±0.12200	0.17400 ±0.03850	[331]

注:Q_{sw} 表示海水中的吸附量,Q_w 表示在纯水中的吸附量。

2. 盐度和离子强度

溶液的盐度会影响 ATs 的溶解性,致使产生盐溶、盐析现象。例如,Na^+ 会通过降低头孢菌素的溶解度影响头孢菌素在 MPs 疏水表面上的分配[356]。Guo 等发现在同等 pH 条件下,随着盐度的增加,MPs(PA、PE、PET、PVC 和 PP)对 SMT 的吸附能力都有所降低,这表明盐的存在会降低 MPs 对 ATs 的吸附能力,且浓度越高,MPs 的吸附能力越低[324]。另外,吸附体系中的离子强度在一定程度上会影响 MPs 和 ATs 之间的静电作用。当 SMT 的存在形态为中性或阴离子时，吸附体系中的 Na$^+$更易与 MPs 表面的阴离子相互作用，导致部分静电位点被 Na$^+$占据，SMT 的吸附容量相对降低[328]。同样，吸附体系中 Ca^{2+}和 Mg^{2+}也会影响 MPs(PA、PE 和 PS)对 TC 的吸附，且离子浓度越高吸附量越低[321]。Axel 等发现当体系中离子强度增加时，一方面 Na$^+$和 Ca^{2+}等阳离子可能被静电作用吸引到 MPs 的表面占据静电位点，另一方面无机可交换态阳离子(Na$^+$)又可以取代酸性基团的 H$^+$，抑制氢键的形成，从而影响吸附作用[332]。收集到的数据表明，所有测试的 ATs 都倾向于被纯水系统中的 MPs 吸附(表 6-7)。原因是在高离子强度条件下，吸附位点可能会减少或抑制氢键的形成。因此，在高离子强度水平下，ATs 在 MPs 上的吸附能力降低。

3. 溶解性有机质

溶解性有机质(DOM)又称水溶性有机质，泛指能够溶解于水、酸或碱溶液中的有机质。通常，DOM 能够通过复杂的相互作用来影响有机污染物在固体材料上的吸附[337]。相关研究强调了 DOM 对 MPs 吸附行为的影响，认为腐殖酸的存在大大促进了 MPs(PS 和 PE)对 OTC 的吸收，并将原因归结为腐殖酸表面络合物的产生[320,357,358]，而 Sun 等认为其机制是由阳离子或两性离子状态的 OTC 通过阳离子交换和氢键作用在腐殖酸的去质子化位点上[333]，从而使吸附能力提高。富里酸是一种既能够溶于酸又能够溶于碱的复合性有机物，是土壤腐殖质的核心成分，结构中含有大量酚羟基、羧基等基团[337]。Xu 等发现在存在富里酸的情况下，PE、PP 和 PS 对 TC 的吸附能力下降了 90%以上，这反映了 TC 对富里酸的亲和力更高[323]。因此，在 DOM 共存的自然水生环境中，MPs 可能不是 TC 的载体，但杨杰等发现当 TC 存在的状态都是中性离子时，低浓度(<1mg/L)的富里酸会促进 PA 和 PS 对 TC 的吸附[326]，这可能是富里酸首先会通过 PA 和 PS 产生的分子间作用力(如氢键和 π-π 相互作用)吸附在 MPs 表面，对 MPs 吸附 ATs 起到桥梁的作用[359]。另外，Zhao 等发现高浓度的胡敏酸会抑制 MPs 对 TC 的吸附，这可能是因为胡敏酸中大量的官能团覆盖在 MPs 表面，增加了 MPs 的疏水性，从而影响吸附结果[357]。

6.3.2 微塑料自身性质影响

MPs 的结晶度、状态和比表面积属于自身的物化特性，这些因素对 MPs 吸附污染物的影响不容忽视。研究表明，MPs 的比表面积可能在疏水性污染物的吸附行为中起重要作用[354]。一般而言，较高的结晶度会导致较低的吸附容量[312]，Guo 等曾指出，低结晶度的 MPs 可以吸附更多的疏水性有机污染物[343]。但是，用结晶度的观点却不能很好地解释老化 PS(具有更高的结晶度)比老化 PVC 吸附更多

CIP 的现象，这种现象的主要原因是结晶度并不是老化 PS 和 PVC 吸附行为的重要影响因素，结晶度对 MPs 吸附 ATs 的影响有限[326]。Teuten 等指出橡胶态 PE 对有机污染物的吸附能力强于玻璃态的 MPs(如 PP、PS 和 PVC)[341]。但有研究表明，对 SMT 的吸附中，橡胶态的 PE 在各种塑料中的吸附量最小，因此得出了 MPs 的状态对吸附 ATs 的影响有限的结论[332]。另外，通过对比不同粒径的 PE 和 PS 对 TC 的吸附，发现粒径越小，单位比表面积吸附量越大，说明 MPs 的粒径越小，吸附能力越强(表 6-8)。另外，本书发现 MPs 对 ATs 的吸附量与吸附率的变化一致(图 6-7)，如 TYL 在 PS、PVC 和 PP 上的吸附，吸附量和吸附率都满足 PVC > PS > PP 的关系，CIP 在 PS 和 PVC 上的吸附也满足该规律。但是极性 SMZ 在极性 PA 和非极性 PE 上的吸附却不满足这一规律[327]，说明吸附过程中吸附质与吸附剂之间的极性-极性作用对吸附率影响较大。

表 6-8　四环素在不同微塑料中分配的物理表征及相关数据

MPs	粒径 /μm	SSA /(m²/g)	Q_{max} /(mg/g)	吸附率/%	Q_{max}/SSA /(mg/m²)
PE	172.50±77.50	2.1100	0.084±0.014	33.6	0.0398
PE	122.50±27.50	0.2341	0.109	54.5	0.4656
PS	180.50±69.50	0.0010	0.064±0.011	25.6	64.0000
PS	195.50±84.51	0.0596	0.167	83.5	2.8020

注：数据来源文献为[330]、[333]、[346]。

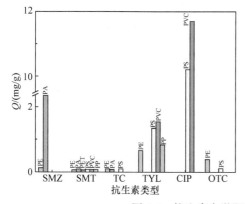
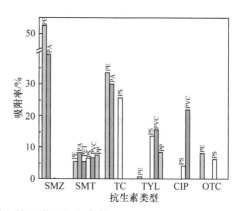

图 6-7　抗生素在微塑料上的吸附量和吸附率

数据来源文献为[325]、[327]、[330]、[334]、[338]

6.4　本 章 小 结

本章在已有研究数据的基础上对 ATs 与 MPs 相互作用的机理进行探究，旨在系统地阐明 MPs 对 ATs 的载带机制，为评估两种新型污染物的环境风险提供理论依据。本章所得的结论如下：

(1) MPs 吸附 ATs 的机制主要有疏水作用、氢键作用、静电作用等，且可能是多种机制共同作用的结果。亲水性的 ATs 与疏水性有机污染物相比在 MPs 上的亲和力更低。因此，对于未老化的 MPs，疏水作用可能不是其吸附高亲水性 ATs 的主要机制，而 AMX(高亲水性能)比 TMP 在 MPs 上的吸附量大，说明从疏水作用的角度并不能完全解释吸附机制。从氢键形成的角度，也不能很好地解释 SMZ 在 MPs 的吸附过程。这时，静电作用可能很大程度地影响了 MPs 对 ATs 吸附作用。此外，还可能存在多种机制共同作用，如 SMT 在 PA、PS、PVC 和 PP 上的吸附可能受到静电作用和范德瓦耳斯力共同作用。

(2) 老化过程可能通过影响 MPs 与 ATs 的相互作用机制，从而提高 MPs 的吸附性能。在老化过程中，MPs 的疏水性、SSA 和结晶度都有所改变，并且产生了极性含氧官能团，增加了 MPs 的极性和分子间作用力，从而导致老化 MPs 对 ATs 有更强的亲和力。这些吸附机制对于自然条件下老化的 MPs 尤为明显，这可能是复杂的自然条件致使 MPs 老化得更彻底，同时可能产生纳米级别的 MPs。另外，老化的方式也会对 MPs 的吸附性能产生影响，一般在相同的老化时间下，在液体(纯水和海水)环境中老化比在空气中老化更为均匀和彻底，且海水环境中老化效果更好。同等条件下，紫外老化比高温老化的效果更优。

(3) 通常情况下，影响 MPs 对 ATs 的因素主要包括外部因素和 MPs 的自身因素。其中，外部因素包括吸附体系的 pH、盐度、离子强度和 DOM，一般在高 pH、高盐度和高离子强度的条件下，MPs 对 ATs 都表现为较低的吸附能力，这可能是 MPs 与 ATs 之间的静电斥力增强导致的。此外，盐溶液中的金属阳离子(如 Na^+、Na^{2+}、Mg^{2+}等)会与 ATs 在 MPs 上的吸附发生竞争，从而影响 MPs 对 ATs 的吸附。另外，不同浓度的 DOM 可能会促进(低浓度)或抑制(高浓度)ATs 在 MPs 上的吸附，这可能与络合物的形成有关。MPs 的理化性质，如粒径、SSA 和存在状态(玻璃态与橡胶态)等也会影响吸附。

第7章 研究结论与展望

7.1 研究结论

本书以再生水的多元组成为基点,以再生水入渗过程中抗生素的迁移为主线,在调研渭河西安段含水层结构及抗生素赋存规律的基础上,基于土柱入渗模拟实验、静态吸附-脱附实验和微观结构表征等方法,探究了沉积物类型、粒径等对抗生素的吸附机制,以及再生水入渗条件下抗生素的迁移规律;分析了再生水入渗过程中含水层有效孔隙度和渗透系数的变化,开展了含水介质中抗生素的入渗过程模拟和污染地下水的模型预测;探究了矿物及其改性材料对抗生素的吸附性能和吸附机制;明确了溶解性有机质(DOM)、pH和离子强度对抗生素迁移的影响,识别其迁移行为的主控因素;揭示了水环境中抗生素与微塑料的作用机制和分布特征。获得以下主要结论:

1. 再生水回灌下典型含水介质渗透性变化规律及迁移行为

相同条件下针对不同粒径单一含水介质,三种介质渗透性大小为中砂(0.200cm/s)>细砂(0.020cm/s)>粉砂(0.008cm/s);其渗透系数呈现出相同的变化规律:对照组含水介质渗透系数基本稳定不变,再生水回灌下含水介质,都随时间的推移持续减小,并在回灌进行到一定程度时趋于稳定。可见,再生水入渗是含水介质渗透性降低的主要原因,含水介质粒径对人工回灌的效果会产生一定程度的影响,因此在实际人工回灌时应选择地层含水介质颗粒较粗的区域,利于人工回灌的进行。当含水介质中砂、细砂、粉砂体积比为3:2:1和1:2:3时,渗透系数衰减率分别为54.55%和68.00%,衰减系数分别为0.107和0.136。有效粒径越大,渗透系数就越大。当中砂分别位于上层和下层时,含水介质渗透系数差异较为明显。当中砂位于最下层时,回灌稳定时介质整体渗透系数明显小于其他两种含水介质位于底层时的渗透系数。实验结果和数据定量分析结果均表明回灌时剖面结构对含水介质整体渗透性影响很大。

利用吸附动力学、等温吸附模型及吸附热力学模型探究了研究区包气带三种最主要的含水介质(细砂、中砂)对NOR的吸附行为。吸附动力学数据利用准二级动力学模型(R^2为0.9700~0.9800)和Elovich模型(R^2为0.9800~0.9900)拟合效果更好,说明NOR在砂土上的吸附是存在非均相扩散、物理吸附和化学吸附的复合吸附过程。采用线性模型、Freundlich 模型、Dubinin-Radushkevich 三种模型对 NOR 吸附等温线进行拟合,认为静电作用是影响吸附分配过程的关键。利用室内砂柱实验探究了不同的含水介质中 NOR 的迁移行为,发现三种介质对 NOR 的阻滞行为大小为细砂>中砂>粗砂。结合 Hydrus-1D 软件对实验数据进行了持续渗漏和瞬时渗漏模拟,结果表明只要及时切断污染源,就可以避免对地下水的严重污染;包气带对污染物的缓冲作用使得 NOR 很难对地下水造成影响,但是仍会对包气带含水介质造成长期污染。

2. 矿物界面与 ATs 的作用机制

SEP 黏土矿物对 ATs 的吸附。采用 CTAB 和 SDBS 对天然黏土矿物 SEP 进行复配改性,制备新型有机海泡石 C-S-SEP,用于吸附水中常见的 OTC。采用 XRD、FTIR、SEM、SSA、Zeta 电位等分析了复配改性前后 SEP 晶体结构和理化性质的变化,采用静态吸附法研究了 SEP 对 OTC 的吸附性能和机理。结果表明,C-S-SEP 的吸附能力有大幅度的提高,对 OTC 的去除率高达 99.42%。改性剂成功负载到海泡石表面,未进入其层间区域,并保持了海泡石原有的晶体结构。在研究的配比范围内,阴离子和阳离子表面活性剂具有协同增溶作用。C-S-SEP 吸附 OTC 是分配作用和表面吸附共同作用的结果,其中分配作用占主导地位,C-S-SEP 有望成为有效去除水中 ATs 的低成本环境友好型吸附材料。

HNTs 及其复配改性对 ATs 的吸附。HNTs 由于价格低廉、储量丰富和独特的中空纳米管结构,是一种潜在的优良 ATs 吸附剂。本书以 CTAB 和 SDBS 对天然 HNTs 进行改性,获得阴阳离子改性埃洛石(C-S-HNTs),并应用于水中 OTC 的吸附。C-S-HNTs 对 OTC 的吸附率提高了 50%左右。通过 FTIR 分析,季铵盐阳离子接枝于 HNTs 表面,改性成功。通过 SEM 分析,仍然观察到 C-S-HNTs 的空心管状结构。CTMAB 和 SDBS 成功负载到 HNTs 表面,但并没有进入 HNTs 的层间结构域,保持了 HNTs 原有的管状结构。C-S-HNTs 对 OTC 的吸附过程符合准二级动力学模型和 Langmuir 模型。通过 Zeta 电位分析,C-S-HNTs 的吸附容量随 pH 的增大先增加后减少,在 pH=5 时,吸附容量达到最高。OTC 在 C-S-HNTs 上的吸附是分配作用和表面吸附相结合的结果,对天然 HNTs 进行改性,提高其吸附性能,扩大其应用范围,可为治理新污染物引起的环境问题提供数据支撑。

3. DOM 对 ATs 在含水介质上吸附的影响机制

为了更好地探究 DOM 对 NOR 吸附行为的影响,探究了三种外源性 DOM 在细砂上的吸附动力学特征及等温吸附特征,选择准一级动力学模型、准二级动力学模型和 Elovich 模型对吸附动力学数据进行拟合。结果表明,细砂对 HDOM 的吸附量均高于 LDOM 和 MDOM。Elovich 模型(R^2 为 0.9600~0.9800)更适合拟合实验数据,说明 DOM 在细砂表面的吸附过程涉及化学吸附,这可以作为 DOM 和 NOR 分子竞争吸附的有力证据之一。利用初始质量等温线模型对等温吸附实验数据进行拟合,HDOM 的分布系数 K_d^* 也是最大的,说明 HDOM 可能会优先吸附在细砂表面。运用元素分析仪、紫外-可见分光光度计、3D-EEM、激光粒度分析仪等分析了 DOM 的理化性质。三种 DOM 的芳香度为 HDOM>LDOM>MDOM;分子尺寸为 HDOM>MDOM>LDOM。因此,HDOM 具有较高的芳香度和较大的分子尺寸,更有利于其优先吸附,进而改变细砂颗粒的孔隙结构。

通过吸附动力学实验、吸附热力学实验阐明三种不同的 DOM 存在下 NOR 在细砂上的吸附行为,深入了解接触时间、温度、初始 pH 和离子强度对吸附的影响。吸附动力学数据采用准一级动力学模型、准二级动力学模型、Elovich 模型、双室一级动力学模型四种模型拟合,其中双室一级动力学模型拟合效果最好(R^2 为 0.9800~0.9900)。结果表明,研究使用的所有 DOM 都会降低 NOR 在细砂上的吸附量,并延长达到吸附平衡的反应时间。三种 DOM(10mg/L)对 NOR 的吸附能力的抑制作用强弱依次为 HDOM<LDOM<MDOM,这与 DOM 的芳香性、极性和疏水性有关。在 DOM 存在下,吸附等温数线拟合发现线性模型和 Freundlich 模型均能很好地拟合。此外,吸附反应是吸热的、自发的。DOM 与 NOR 的吸附竞争或在溶液中形成的 DOM-NOR 复合物,导致细砂表面吸附量下降。相应地,加入 DOM 后共吸附和累积吸附也被认为是决定吸附的关键过程。此外,NOR 在细砂上的吸附表现出强烈的 pH 依赖性,NOR 在碱性条件下可能更容易从包气带细砂中浸出。高离子强度抑制了吸附作用。使用 TOC 分析仪、SEM、FTIR 和 XPS 进一步对比了有无 DOM 存在下 NOR 的吸附机制。根据 SEM 和 TOC 含量分析发现,引入 DOM 会改变细砂颗粒的表面吸附位点或内部间隙,进而改变吸附机制。存在 MDOM 体系中,细砂表面更加光滑,HDOM 存在下则更为粗糙。通过 NOR 吸附前和吸附后有无 DOM 的细砂的 FTIR 图谱和 XPS 能谱,进一步从微观角度证实了 NOR 在细砂上的吸附主要以基于静电作用和范德瓦耳斯力的物理吸附为主,同时存在氢键和π-π 相互作用等化学吸附。相应地,竞争吸附、共吸附和累积吸附被认为是 DOM 影响细砂吸附 NOR 的关键过程。因此,从不同来源获得的不同类型 DOM 将严重影响包气带含水介质对 NOR 的吸附量,增加了 NOR 向地下水迁移的风险。

4. 再生水入渗条件下微塑料对抗生素的吸附机制

MPs 吸附 ATs 是多种机制共同作用的结果,主要的作用机制有疏水作用、氢键作用和静电作用等。疏水作用对吸附过程的影响与 ATs 的 $\lg K_{ow}$ 有关,ATs 亲水性弱的吸附体系中疏水作用是主导作用机制。部分 ATs 的羰基可作为质子受体形成氢键,促进 MPs 对其的吸附。静电作用则是由 MPs 的 PZC、ATs 的 pK_a 决定的,吸附体系的 pH 可导致两者之间产生静电吸引力或斥力,从而影响吸附过程。吸附过程中也可能有其他作用的参与，如分配作用、极性作用、微孔填充机制、范德瓦耳斯力、PS 与 ATs 之间的 π-π 相互作用等。此外，烷基和芳香环之间产生的烷基-π 相互作用、阳离子-π、PVC 与 ATs 之间的卤素键合以及(-)CAHB 等也可能是 MPs 与 ATs 之间的吸附机制，需要进一步研究验证。在实际环境中，ATs 对 MPs 的吸附也受到许多因素的影响，如 MPs 的分子结构、SSA、结晶度、极性、密度和种类，以及 pH、盐度、DOM、矿物和老化等，这些因素都可能产生不可预测的影响。

7.2　研究展望

不同来源的不同类型 DOM 对 NOR 在包气带的迁移行为有着重要影响，本书为研究 NOR 迁移和命运提供了新视角，但不可避免地存在一定的局限性，对相关工作的展望如下：

(1) 由于全球变暖的加剧，越来越多的陆地有机物不断输入包气带，大量 DOM 与抗生素共存于包气带，这势必会影响抗生素的生态风险环境，抗生素抗性基因的风险可能被低估。因此，在碳循环的大背景下，有必要详细阐述 DOM 的环境化学行为对抗生素以及抗生素抗性基因环境行为的影响。

(2) 实验室模拟和实际条件之间存在差距，包括水、pH 和实际气候温度。目前，大多数已发表的研究都是在远远超过环境中估计抗生素浓度下进行的。因此，实验条件还应该进行优化，基于更贴近实际环境的抗生素浓度展开污染风险评估和环境行为研究。此外，实际环境中重金属、微塑料等污染物的地球化学积累会改变抗生素的环境行为，也会影响抗生素抗性基因在环境中的传播。因此，包气带中的复合污染比单一污染更值得关注，复合污染物的共迁移问题有待进一步研究。

(3) 用于解释 MPs 对 ATs 吸附过程的作用机制有疏水作用、氢键作用、静电作用和 π-π 等，但由于这方面的研究不够系统，可能存在尚未被发掘的作用机制，还需要进行大量的研究以完善和明晰 MPs 对 ATs 的作用机制。环境中多种污染物共同存在，当前的研究多是针对单一污染物存在下的吸附实验，MPs 进入水体或沉降到沉积物一段时间后其表面会附载上生物膜，对 MPs 与 ATs 相互作用的影响及作用机制也少有研究。需要研究 MPs 与 ATs 的复合污染及环境行为，揭示 MPs 表面多种 ATs 共存时其结合与释放机制，结合环境介质中的盐度、pH、DOM、生物膜等条件，阐明复合污染物的环境行为，加强 MPs 与 ATs 的复合污染毒性效应与机理研究，并评估复合污染对土壤生态系统、食物链和人体健康影响的联合效应。注重 MPs 的环境功能研究，利用 MPs 对有机污染物的吸附特性发掘其净化环境和生物解毒的潜在能力。考虑 MPs 的再生也将有助于了解这种材料的长期使用潜力。更小粒径的纳米级塑料是否可以像纳米材料一样带来众多的环境效益，这些都值得探索。

参 考 文 献

[1] 陈卫平, 吕斯丹, 王美娥, 等. 再生水回灌对地下水水质影响研究进展[J]. 应用生态学报, 2013, 24(5): 1253-1262.

[2] TONG L, QIN L T, XIE C, et al. Distribution of antibiotics in alluvial sediment near animal breeding areas at the Jianghan Plain, Central China[J]. Chemosphere, 2017, 186: 100-107.

[3] CARBAJO J B, PETRE A L, ROSAL R, et al. Continuous ozonation treatment of ofloxacin: Transformation products, water matrix effect and aquatic toxicity[J]. Journal of Hazardous Materials, 2015, 292: 34-43.

[4] TOOLARAM A P, HADDAD T, LEDER C, et al. Initial hazard screening for genotoxicity of photo-transformation products of ciprofloxacin by applying a combination of experimental and in-silico testing[J]. Environmental Pollution, 2016, 211: 148-156.

[5] 国家发展改革委, 住房城乡建设部. 国家发展改革委 住房城乡建设部关于印发《"十三五"全国城镇污水处理及再生利用设施建设规划》的通知: 发改环资〔2016〕2849 号[EB/OL]. (2016-12-31) [2023-09-20]. https://www.ndrc.gov.cn/fggz/hjyzy/hjybh/201701/t20170122_1164309.html?state=123.

[6] ZHAO Y, YANG S K, LI H H, et al. Adsorption behaviors of acetaminophen onto sediment in the Weihe River, Shaanxi, China[J]. International Journal of Sediment Research, 2015, 30 (3): 263-271.

[7] BAO Y Y, WAN Y, ZHOU Q X, et al. Competitive adsorption and desorption of oxytetracycline and cadmium with different input loadings on cinnamon soil[J]. Journal of Soils and Sediments, 2013, 13(2): 364-374.

[8] PAN B, HUANG P, WU M, et al. Physicochemical and sorption properties of chars derived from sediments with high organic matter content[J]. Bioresource Technology, 2012, 103: 367-373.

[9] LI J Z, FU J, ZHANG H L, et al. Spatial and seasonal variations of occurrences and concentrations of endocrine disrupting chemicals in unconfined and confined aquifers recharged by reclaimed water: A field study along the Chaobai River, Beijing[J]. Science of the Total Environment, 2013, 450: 162-168.

[10] 林学钰, 张文静, 何海洋, 等. 人工回灌对地下水水质影响的室内模拟实验[J]. 吉林大学学报(地球科学版), 2012, 42(5): 1404-1409.

[11] DONG W H, LIN X Y, DU S H, et al. Risk assessment of organic contamination in shallow groundwater around a leaching landfill site in Kaifeng, China[J]. Environmental Earth Sciences, 2015, 74(3): 2749-2756.

[12] ZHANG W J, HUAN Y, YU X P, et al. Multi-component transport and transformation in deep confined aquifer during groundwater artificial recharge[J]. Journal of Environmental Management, 2015, 152: 109-119.

[13] RODGERS M, MULQUEEN J, HEALY M G. Surface clogging in an intermittent stratified sand filter[J]. Soil Science Society of America Journal, 2004, 68(6): 1827-1832.

[14] 李绪谦, 宋爽, 李红艳, 等. 有机污染物在弱透水层中的越流迁移特征[J]. 吉林大学学报(地球科学版), 2011, 41(3): 840-846.

[15] LI J, ZHANG K N, ZHANG H. Adsorption of antibiotics on microplastics. Environmental pollution[J]. Environmental Pollution, 2018, 237: 460-467.

[16] LEHMANN J, KINYANGI J, SOLOMON D. Organic matter stabilization in soil microaggregates: Implications from

spatial heterogeneity of organic carbon contents and carbon forms[J]. Biogeochemistry, 2007, 85 (1): 45-57.

[17] CHERNYSHOVA I V, PONNURANGAM S, SOMASUNDARAN P. Adsorption of fatty acids on iron (hydr) oxides from aqueous solutions[J]. Langmuir, 2011, 27(16): 10007-10018.

[18] LAPIERRE J F, FRENETTE J J. Effects of macrophytes and terrestrial inputs on fluorescent dissolved organic matter in a large river system[J]. Aquatic Sciences, 2009, 71(1): 15-24.

[19] CHEFETZ B, XING B. Relative role of aliphatic and aromatic moieties as sorption domains for organic compounds: A review[J]. Environmental Science & Technology, 2009, 43: 1680-1688.

[20] WANG Y J, HU M, LIN P, et al. Molecular characterization of nitrogen-containing organic compounds in humic-like substances emitted from straw residue burning[J]. Environmental Science & Technology, 2017, 51(11): 5951-5961.

[21] DOKKEN K M, DAVIS L C. Infrared monitoring of dinitrotoluenes in sunflower and maize roots[J]. Journal of Environmental Quality, 2011, 40 (3): 719-730.

[22] CHEN C, DYNES J J, WANG J, et al. Soft X-ray spectromicroscopy study of mineral-organic matter associations in pasture soil clay fractions[J]. Environmental Science & Technology, 2014, 48(12): 6678-6686.

[23] LUO L, LV J T, XU C, et al. Strategy for characterization of distribution and associations of organobromine compounds in soil using synchrotron radiation based spectromicroscopies[J]. Analytical Chemistry, 2014, 86 (22): 11002-11005.

[24] 骆永明, 施华宏, 涂晨, 等. 环境中微塑料研究进展与展望[J]. 科学通报, 2021, 66(13): 1547-1562.

[25] SUN A, WANG W. Human exposure to microplastics and its associated health risks[J]. Environment & Health, 2023, 1(3): 139-149.

[26] MITRANO D M, WICK P, NOWACK B. Placing nanoplastics in the context of global plastic pollution[J]. Nature Nanotechnology, 2021, 16(5): 491-500.

[27] RILLING M C, LEHMANN A. Microplastic in terrestrial ecosystems[J]. Science, 2020, 368(6498): 1430-1431.

[28] ZHANG Q J, LIU T, LIU L, et al. Distribution and sedimentation of microplastics in Taihu Lake[J]. Science of the Total Environment, 2021, 795: 148745.

[29] DING L, MAO R F, GUO X T, et al. Microplastics in surface waters and sediments of the Wei River, in the northwest of China[J]. Science of the Total Environment, 2019, 667: 427-434.

[30] THOMPSON R C, OLSEN Y, MITCHELL R P, et al. Lost at sea: Where is all the plastic? [J]. Science, 2004, 304(5672): 838.

[31] WANG C H, ZHAO J, XING B S. Environmental source, fate, and toxicity of microplastics[J]. Journal of Hazardous Materials, 2021, 407: 124357.

[32] XIA X X, SUN M H, ZHOU M, et al. Polyvinyl chloride microplastics induce growth inhibition and oxidative stress in *Cyprinus carpio* var. *larvae*[J]. Science of the Total Environment, 2020, 716: 136479.

[33] XIANG Y J, JIANG L, ZHOU Y Y, et al. Microplastics and environmental pollutants: Key interaction and toxicology in aquatic and soil environments[J]. Journal of Hazardous Materials, 2022, 422: 126843.

[34] ALIMI O S, FARNER B J, HERNANDEZ L M, et al. Microplastics and nanoplastics in aquatic environments: Aggregation, deposition, and enhanced contaminant transport[J]. Environmental Science & Technology, 2018, 52(4): 1704-1724.

[35] VETHAAK A D, LEGLER J. Microplastics and human health[J]. Science, 2021, 371(6530): 672-674.

[36] SYRANIDOU E, KALOGERAKIS N. Interactions of microplastics, antibiotics and antibiotic resistant genes within WWTPs[J]. Science of the Total Environment, 2022, 804: 150141.

[37] CHEN R, AO D, JI J Y, et al. Insight into the risk of replenishing urban landscape ponds with reclaimed wastewater[J].

Journal of Hazardous Materials, 2017, 324(2): 573-582.

[38] POKHREL P, ZHOU Y, SMITS F, et al. Numerical simulation of a managed aquifer recharge system designed to supply drinking water to the city of Amsterdam, the Netherlands[J]. Hydrogeology Journal, 2023, 31(5): 1291-1309.

[39] 董艳慧. 地下水保护理论及修复技术的研究——以西安市为例[D]. 西安:长安大学, 2010.

[40] NÖJD P, LINDROOS A J, SMOLANDER A, et al. Artificial recharge of groundwater through sprinkling infiltration: Impacts on forest soil and the nutrient status and growth of Scots pine[J]. Science of the Total Environment, 2009, 407(10): 3365-3371.

[41] GHAYOUMIAN J, SARAVI M M, FEIZNIA S, et al. Application of GIS techniques to determine areas most suitable for artificial groundwater recharge in a coastal aquifer in southern Iran[J]. Journal of Asian Earth Sciences, 2007, 30(2): 364-374.

[42] JAAFAR H H. Feasibility of groundwater recharge dam projects in arid environments[J]. Journal of Hydrology, 2014, 512: 16-26.

[43] 王新娟, 谢振华, 周训, 等. 北京西郊地区大口井人工回灌的模拟研究[J]. 水文地质工程地质, 2005, 32(1): 70-73.

[44] 云桂春, 成徐州. 人工地下水回灌[M]. 北京:中国建筑工业出版, 2004.

[45] 林黎. 天津地区雾迷山组热储地下热水资源可持续开发利用研究[D]. 北京:中国地质大学, 2006.

[46] 章亦兵. 济南市人工回灌补源保护泉水的研究[D]. 南京:河海大学, 2005.

[47] JULIAN D, DOROTHY D. Origins and evolution of antibiotic resistance[J]. Microbiology and Molecular Biology Reviews, 2010, 3(74): 417-433.

[48] TASHO R P, CHO J Y. Veterinary antibiotics in animal waste, its distribution in soil and uptake by plants: A review[J]. Science of the Total Environment, 2016, 563-564: 366-376.

[49] GRAY A D, TODD D, HERSHEY A E. The seasonal distribution and concentration of antibiotics in rural streams and drinking wells in the piedmont of North Carolina[J]. The Science of the Total Environment, 2020, 710: 136286.

[50] WANG Y H, YANG Y N, LIU X, et al. Interaction of microplastics with antibiotics in aquatic environment: Distribution, adsorption, and toxicity[J]. Environmental Science & Technology, 2021, 55(23): 15579-15595.

[51] EZZARIAI A, HAFIDI M, KHADRA A, et al. Human and veterinary antibiotics during composting of sludge or manure: Global perspectives on persistence, degradation, and resistance genes[J]. Journal of Hazardous Materials, 2018, 359: 465-481.

[52] LARSSON D, FLACH C F. Antibiotic resistance in the environment[J]. Nature Reviews Microbiology, 2022, 20(5): 257-269.

[53] 谭凯文, 冯晓雯, 张冰芸, 等. 中国抗生素健康素养与抗生素滥用的研究进展[J]. 广州医科大学学报, 2023, 51(2): 76-80.

[54] WATTS C D, CRATHORNE B, FIELDING M, et al. Nonvolatile organic compounds in treated waters[J]. Environment Health Perspectives, 1982, 46: 87-99.

[55] 国务院办公厅. 国务院办公厅关于印发新污染物治理行动方案的通知: 国办发〔2022〕15 号[EB/OL]. (2022-05-04) [2023-09-20]. https://www.mee.gov.cn/zcwj/gwywj/202205/t20220524_983032.shtml.

[56] CHEN X Y, WANG J L. Degradation of norfloxacin in aqueous solution by ionizing irradiation: Kinetics, pathway and biological toxicity[J]. Chemical Engineering Journal, 2020, 395: 125095.

[57] ZHOU J Y, WU H, SHI L H, et al. Sustainable on-farm strategy for the disposal of antibiotic fermentation residue: Co-benefits for resource recovery and resistance mitigation[J]. Journal of Hazardous Materials, 2023, 446: 130705.

[58] 刘孟豪, 汪明金, 何秘, 等. 环境中抗生素抗性菌及抗性基因的研究进展[J]. 安徽农学通报, 2021, 27(2): 12-15.

[59] 姬书会, 邱孜博. 我国畜牧业中滥用抗生素的危害和对策[J]. 中国畜禽种业, 2022, 18(12): 59-62.

[60] RASHID A, MUHAMMAD J, KHAN S, et al. Poultry manure gleaned antibiotic residues in soil environment: A perspective of spatial variability and influencing factors[J]. Chemosphere, 2023, 317: 137907.

[61] 刘欣雨, 张建强, 黄雯, 等. 中国土壤中抗生素赋存特征与影响因素研究进展[J]. 土壤, 2021, 53(4): 672-681.

[62] 应思哲, 孙宏, 汤江武, 等. 生猪养殖废水中抗生素、抗生素抗性基因丰度及其消减措施的研究进展[J]. 中国畜牧杂志, 2022, 58(9): 103-108.

[63] 张斯顺. 畜禽养殖粪污的处理及资源化利用[J]. 农业灾害研究, 2022, 9(12): 55-57.

[64] 吴玉高, 李卓阳, 方菁. 畜禽粪便还田所致环境污染现况及其健康危害[J]. 环境与职业医学, 2021, 38(11): 1284-1290.

[65] BINH V N, DANG N, ANH N T K, et al. Antibiotics in the aquatic environment of Vietnam: Sources, concentrations, risk and control strategy[J]. Chemosphere, 2018, 197: 438-450.

[66] NGUYEN V T, VO T D, NGUYEN T B, et al. Adsorption of norfloxacin from aqueous solution on biochar derived from spent coffee ground: Master variables and response surface method optimized adsorption process[J]. Chemosphere, 2022, 288: 132577.

[67] GUAN W J, NI Z Y, HU Y, et al. Clinical characteristics of coronavirus disease 2019 in China[J]. The New England Journal of Medicine, 2020, 382(18): 1708-1720.

[68] LANGFORD B J, SO M, RAYBARDHAN S, et al. Antibiotic prescribing in patients with COVID-19: Rapid review and meta-analysis[J]. Clinical Microbiology and Infection, 2021, 27(4): 520-531.

[69] CARLSSON F, JACOBSSON G, LAMPI E. Antibiotic prescription: Knowledge among physicians and nurses in western Sweden[J]. Health Policy, 2023, 130: 104733.

[70] MAO W H, VU H X, XIE Z N, et al. Systematic review on irrational use of medicines in China and Vietnam[J]. Plos One, 2015, 10(3): 1-16.

[71] 赵凌波, 孙强, 李成, 等. 山东省农村医疗机构医生抗生素知识与行为[J]. 山东大学学报(医学版), 2014, 52(2): 101-105.

[72] YAN B, HE Z K, DONG S X, et al. The moderating effect of parental skills for antibiotic identification on the link between parental skills for antibiotic use and inappropriate antibiotic use for children in China[J]. BMC Public Health, 2023, 23(1): 156.

[73] LAXMINARAYAN R, MATSOSO P, PANT S, et al. Access to effective antimicrobials: A worldwide challenge[J]. The Lancet, 2016, 387(10014): 168-175.

[74] CHEN J, WANG Y M, CHEN X J, et al. Widespread illegal sales of antibiotics in Chinese pharmacies - a nationwide cross-sectional study[J]. Antimicrobial Resistance and Infection Control, 2020, 9(1): 12.

[75] CARDOSO O, PORCHER J M, SANCHEZ W. Factory-discharged pharmaceuticals could be a relevant source of aquatic environment contamination: Review of evidence and need for knowledge[J]. Chemosphere, 2014, 115: 20-30.

[76] DUONG H A, PHAM N H, NGUYEN H T, et al. Occurrence, fate and antibiotic resistance of fluoroquinolone antibacterials in hospital wastewaters in Hanoi, Vietnam[J]. Chemosphere, 2008, 72(6): 968-973.

[77] WU J, WANG J Y, LI Z T, et al. Antibiotics and antibiotic resistance genes in agricultural soils: A systematic analysis[J]. Critical Reviews in Environmental Science and Technology, 2022, 7(53): 847-864.

[78] 沈聪, 张俊华, 刘吉利, 等. 宁夏养鸡场粪污和周边土壤中抗生素及抗生素抗性基因分布特征[J]. 环境科学, 2022, 43(8): 4166-4178.

[79] YU X L, ZHANG X Y, CHEN J H, et al. Source, occurrence and risks of twenty antibiotics in vegetables and soils

from facility agriculture through fixed-point monitoring and numerical simulation[J]. Journal of Environmental Management, 2022, 319: 115652.

[80] ZHANG Y, CHENG D M, XIE J, et al. Impacts of farmland application of antibiotic-contaminated manures on the occurrence of antibiotic residues and antibiotic resistance genes in soil: A meta-analysis study[J]. Chemophere, 2022, 300: 134529.

[81] ZHU Y G, JOHNSON T A, SU J Q, et al. Diverse and abundant antibiotic resistance genes in Chinese swine farms[J]. Proceedings of the National Academy of Sciences of the United States of America, 2013, 110(9): 3435-3440.

[82] SANDERSON H, BRAIN R A, JOHNSON D J, et al. Toxicity classification and evaluation of four pharmaceuticals classes: Antibiotics, antineoplastics, cardiovascular, and sex hormones[J]. Toxicology, 2004, 203(1-3): 27-40.

[83] WEI R C, HE T, ZHANG S X, et al. Occurrence of seventeen veterinary antibiotics and resistant bacterias in manure-fertilized vegetable farm soil in four provinces of China[J]. Chemosphere, 2019, 215: 234-240.

[84] MARTINEZ-CARBALLO E, GONZALEZ-BARREIRO C, SCHARF S, et al. Environmental monitoring study of selected veterinary antibiotics in animal manure and soils in Austria[J]. Environmental Pollution, 2007, 148(2): 570-579.

[85] LE H T V, MAGUIRE R O, XIA K. Spatial distribution and temporal change of antibiotics in soils amended with manure using two field application methods[J]. Science of the Total Environment, 2021, 759: 143431.

[86] PAN Z, YANG S D, ZHAO L X, et al. Temporal and spatial variability of antibiotics in agricultural soils from Huang-Huai-Hai Plain, northern China[J]. Chemosphere, 2021, 272: 129803.

[87] GU J Y, CHEN C Y, HUANG X Y, et al. Occurrence and risk assessment of tetracycline antibiotics in soils and vegetables from vegetable fields in Pearl River Delta, South China[J]. Science of the Total Environment, 2021, 776: 145959.

[88] ZHANG Q Q, YING G G, PAN C G, et al. Comprehensive evaluation of antibiotics emission and fate in the river basins of China: Source analysis, multimedia modeling, and linkage to bacterial resistance[J]. Environment Science & Technology, 2015, 49(11): 6772-6782.

[89] DANNER M, ROBERTSON A, BEHRENDS V, et al. Antibiotic pollution in surface fresh waters: Occurrence and effects[J]. Science of the Total Environment, 2019, 664: 793-804.

[90] KLEIN E Y, VAN BOECKEL T P, MARTINEZ E M, et al. Global increase and geographic convergence in antibiotic consumption between 2000 and 2015[J]. Proceedings of the National Academy of Sciences of the USA, 2018, 115(15): 1-8.

[91] LV D Y, YU C, ZHUO Z J, et al. The distribution and ecological risks of antibiotics in surface water in key cities along the lower reaches of the Yellow River: A case study of Kaifeng City, China[J]. China Geology, 2022, 5(3): 411-420.

[92] YAO L L, WANG Y X, TONG L, et al. Occurrence and risk assessment of antibiotics in surface water and groundwater from different depths of aquifers: A case study at Jianghan Plain, central China[J]. Ecotoxicology and Environmental Safety, 2017, 135: 236-242.

[93] YIN L H, XU D D, JIA W H, et al. Responses of phreatophyte transpiration to falling water table in hyper-arid and arid regions, Northwest China[J]. China Geology, 2021, 4(3): 410-420.

[94] KOŠUTIĆ K, DOLAR D, AŠPERGER D, et al. Removal of antibiotics from a model wastewater by RO/NF membranes[J]. Separation and Purification Technology, 2007, 53(3):244-249.

[95] DINH Q T, MOREAU-GUIGON E, LABADIE P, et al. Occurrence of antibiotics in rural catchments[J]. Chemosphere, 2017, 168: 483-490.

[96] LEE H J, KIM K Y, HAMM S Y, et al. Occurrence and distribution of pharmaceutical and personal care products, artificial sweeteners, and pesticides in groundwater from an agricultural area in Korea[J]. Science of the Total

Environment, 2019, 659: 168-176.

[97] ZAINAB S M, JUNAID M, REHMAN M Y A, et al. First insight into the occurrence, spatial distribution, sources, and risks assessment of antibiotics in groundwater from major urban-rural settings of Pakistan[J]. Science of the Total Environment, 2021, 791: 148298.

[98] WANG J L, ZHANG C, XIONG L, et al. Changes of antibiotic occurrence and hydrochemistry in groundwater under the influence of the South-to-North Water Diversion (the Hutuo River, China)[J]. Science of the Total Environment, 2022, 832: 154779.

[99] MA Y P, LI M, WU M M, et al. Occurrences and regional distributions of 20 antibiotics in water bodies during groundwater recharge[J]. Science of the Total Environment, 2015, 518-519: 498-506.

[100] ZUO R, LIU X, ZHANG Q R, et al. Sulfonamide antibiotics in groundwater and their migration in the vadose zone: A case in a drinking water resource[J]. Ecological engineering, 2021, 162: 106175.

[101] LI J, GUO K, CAO Y S, et al. Enhance in mobility of oxytetracycline in a sandy loamy soil caused by the presence of microplastics[J]. Environmental Pollution, 2021, 269: 116151.

[102] PAN M, CHU L M. Adsorption and degradation of five selected antibiotics in agricultural soil[J]. Science of the Total Environment, 2016, 545-546: 48-56.

[103] 齐会勉, 吕亮, 乔显亮. 抗生素在土壤中的吸附行为研究进展[J]. 土壤, 2009, 41(5): 703-708.

[104] 黄燕. Cu²⁺对川西北高原亚高山草甸土中典型抗菌药物吸附行为的影响[D]. 绵阳:西南科技大学, 2021.

[105] 刘畅, 李瑜. 环丙沙星在土壤中的吸附及降解研究进展[J]. 北京农业, 2016(4): 195-199.

[106] WANG S L, WANG H. Adsorption behavior of antibiotic in soil environment: A critical review[J]. Frontiers of Environmental Science & Engineering, 2015, 9(4): 565-574.

[107] CHESSA L, PUSINO A, GARAU G, et al. Soil microbial response to tetracycline in two different soils amended with cow manure[J]. Environmental Science and Pollution Research, 2016, 23(6): 5807-5817.

[108] HAN J L, XU Y F, XU D, et al. Mechanism of downward migration of quinolone antibiotics in antibiotics polluted natural soil replenishment water and its effect on soil microorganisms[J]. Environmental Research, 2023, 218: 115032.

[109] 胡双庆, 张玉, 沈根祥. 抗生素磺胺嘧啶和磺胺甲恶唑在土壤中的淋溶行为研究[J]. 环境科学研究, 2022, 35(2): 470-477.

[110] SHI X Y, REN B Z. Predict three-dimensional soil manganese transport by HYDRUS-1D and spatial interpolation in Xiangtan manganese mine[J]. Journal of cleaner production, 2021, 292: 125879.

[111] KREVH V, FILIPOVIĆ L, PETOŠIĆ D, et al. Long-term analysis of soil water regime and nitrate dynamics at agricultural experimental site: Field-scale monitoring and numerical modeling using HYDRUS-1D[J]. Agricultural Water Management, 2023, 275: 108039.

[112] RAIJ-HOFFMAN I, MILLER K, PAUL G, et al. Modeling water and nitrogen dynamics from processing tomatoes under different management scenarios in the San Joaquin Valley of California[J]. Journal of Hydrology: Regional Studies, 2022, 43: 101195.

[113] 鲍艳宇, 周启星, 张浩. 阳离子类型对土霉素在 2 种土壤中吸附-解吸影响[J].环境科学, 2009, 30(2): 551-556.

[114] THIELE-BRUHNS, SEIBICKE T, SCHULTEN H R, et al. Sorption of sulfonamide pharmaceutical antibiotics on whole soils and particle-size fractions[J]. Journal of Environmental Quality, 2004, 33(4): 1331.

[115] 吕宝玲, 李威, 于筱莉, 等. 溶解性有机质对罗红霉素光降解的影响研究[J]. 环境科学学报, 2019, 39(3): 747-754.

[116] 罗芳林. 猪粪 DOM 对抗生素在紫色土中吸附迁移作用的影响[D]. 成都:西南交通大学, 2019.

[117] LIANG X R, LIU L L, JIANG Y F, et al. Study of the sorption/desorption behavior of chlortetracycline on sediments

in the upper reaches of the Yellow River[J]. Chemical Engineering Journal, 2022, 428: 131958.

[118] PILS J R V, LAIRD D A. Sorption of tetracycline and chlortetracycline on K- and Ca-saturated soil clays, humic substances, and clay-humic complexes[J]. Environmental Science & Technology, 2007, 41(6): 1928-1933.

[119] 李舒涵, 刘琛, 唐翔宇, 等. 果园生态养鸡鸡粪 DOM 的淋溶特征及其对抗生素迁移的影响[J]. 农业工程学报, 2020, 36(14): 37-46.

[120] KULSHRESTHA P, GIESE R J, AGA D S. Investigating the molecular interactions of oxytetracycline in clay and organic matter: Insights on factors affecting its mobility in soil[J]. Environment Science & Technology, 2004, 38(15): 4097-4105.

[121] LI Y D, BI E P, CHEN H H. Effects of dissolved humic acid on fluoroquinolones sorption and retention to kaolinite[J]. Ecotoxicology and Environmental Safety, 2019, 178: 43-50.

[122] ZHANG D, YANG S K, YANG C Y, et al. New insights into the interaction between dissolved organic matter and different types of antibiotics, oxytetracycline and sulfadiazine: Multi-spectroscopic methods and density functional theory calculations[J]. Science of the Total Environment, 2022, 820: 153258.

[123] BAI L L, CAO C C, WANG C L, et al. Roles of phytoplankton- and macrophyte-derived dissolved organic matter in sulfamethazine adsorption on goethite[J]. Environment Pollution, 2017, 230: 87-95.

[124] WANG Z Z, JIANG Q L, WANG R Z, et al. Effects of dissolved organic matter on sorption of oxytetracycline to sediments[J]. Geofluids, 2018: 1-12.

[125] 黎明, 王彬, 朱静平, 等. 川西平原还田秸秆 DOM 对矿物细颗粒吸附 SMX 的影响[J]. 中国环境科学, 2016, 36(11): 3441-3448.

[126] 罗芳林, 刘琛, 唐翔宇, 等. 猪粪溶解性有机物对紫色土中抗生素迁移的影响[J]. 中国环境科学, 2020, 40(9): 3952-3961.

[127] ZHANG J Q, DONG Y H. Effect of low-molecular-weight organic acids on the adsorption of norfloxacin in typical variable charge soils of China[J]. Journal of Hazardous Materials, 2008, 151(2): 833-839.

[128] SIMUNEK J J, TH M, GENUCHTEN M V, et al. HYDRUS: Model use, calibration, and validation[J]. Transactions of the ASAE. American Society of Agricultural Engineers, 2012, 55(4): 1261-1274.

[129] 高震国, 钟瑞林, 杨帅, 等. Hydrus 模型在中国的最新研究与应用进展[J]. 土壤, 2022, 54(2): 219-231.

[130] SIMUNEK J, JACQUES D, LANGERGRABER G, et al. Numerical modeling of contaminant transport using HYDRUS and its specialized modules[J]. Journal of the Indian Institute of Science, 2013, 92(2): 265-284.

[131] 李玮, 何江涛, 刘丽雅, 等. Hydrus-1D 软件在地下水污染风险评价中的应用[J]. 中国环境科学, 2013, 33(4): 639-647.

[132] WANG X P, LIU G M, YANG J S, et al. Evaluating the effects of irrigation water salinity on water movement, crop yield and water use efficiency by means of a coupled hydrologic/crop growth model[J]. Agricultural Water Management, 2017, 185: 13-26.

[133] HOU L Z, BILL X H, QI Z M, et al. Evaluating equilibrium and non-equilibrium transport of ammonium in a loam soil column[J]. Hydrological Processes, 2018, 32(1): 80-92.

[134] 万朔阳, 吴勇, 唐学芳, 等. 基于 Hydrus-1D 对西坝镇农田土壤重金属迁移模拟及空间解析[J]. 科学技术与工程, 2020, 20(2): 854-859.

[135] 李晓宇, 任仲宇, 李芳春, 等. 两种吸附模型对阿特拉津在壤质砂土中的模拟效果分析[J]. 农业环境科学学报, 2020, 39(1): 191-200.

[136] UNOLD M, KASTEEL R, GROENEWEG J, et al. Transport and transformation of sulfadiazine in soil columns

packed with a silty loam and a loamy sand[J]. Journal of Contaminant Hydrology, 2009, 103(1): 38-47.

[137] 张步迪, 林青, 徐绍辉. 磺胺嘧啶在原状土柱中的运移特征及模拟[J]. 土壤学报, 2018, 55(4): 879-888.

[138] ARCHUNDIA D, DUWIG C, SPADINI L, et al. Assessment of the Sulfamethoxazole mobility in natural soils and of the risk of contamination of water resources at the catchment scale[J]. Environment International 2019, 130: 104905.

[139] 张惠, 林青, 徐绍辉. 磺胺嘧啶在覆铁石英砂中迁移特征及数值模拟[J]. 中国环境科学, 2019, 39(11): 4712-4721.

[140] 罗景城, 江禹友, 张启文, 等. CRI 系统净化抗生素磺胺甲恶唑的数值模拟研究[J]. 环境科学与技术, 2020, 43(10): 111-117.

[141] 张步迪, 林青, 徐绍辉. Cd/Cu/Pb 对磺胺嘧啶在土壤中吸附迁移的影响[J]. 土壤学报, 2018, 55(5): 1120-1130.

[142] LYU S D, CHEN WP, QIAN J P, et al. Prioritizing environmental risks of pharmaceuticals and personal care products in reclaimed water on urban green space in Beijing[J]. Science of the Total Environment, 2019, 697: 133850.

[143] XU L L, LIANG Y, LIAO C J, et al. Cotransport of micro- and nano-plastics with chlortetracycline hydrochloride in saturated porous media: Effects of physicochemical heterogeneities and ionic strength[J]. Water Research, 2022, 209: 117886.

[144] 卫承芳. 典型抗生素在污水塘土壤中的吸附、迁移特性[D]. 南昌: 东华理工大学, 2022.

[145] WEI M X, LV D Y, CAO L H, et al. Adsorption behaviours and transfer simulation of levofloxacin in silty clay[J]. Environment Science Pollution Research, 2021, 28(34): 46291-46302.

[146] 安逸云. 偶氮染料在河砂中的迁移及模拟研究[D]. 石家庄: 河北地质大学, 2020.

[147] ZHAN J, LI W J, LI Z P, et al. Indoor experiment and numerical simulation study of ammonia-nitrogen migration rules in soil column[J]. Journal of Groundwater Science and Engineering, 2018, 6(3): 205-219.

[148] 张宜健. 不同粒径级砂性土渗透特性试验研究[D]. 西安: 西安建筑科技大学, 2013.

[149] 何书, 鲜木斯艳·阿布迪克依木, 戎慧敏, 等. 颗粒迁移和离子吸附对粗粒土渗透性的影响试验研究[J]. 有色金属科学与工程, 2018, 9(1): 80-85.

[150] 陈星欣, 白冰. 重力对饱和多孔介质中颗粒输运特性的影响[J]. 岩土工程学报, 2012, 34(9): 1661-1667.

[151] 潘慧, 蓝咏, 吴锐钊, 等. CTAB 与 SDS 对膨润土改性的界面性质研究[J]. 华南师范大学学报(自然科学版), 2008, 1: 88-92.

[152] HE L Y, LIU Y S, SU H C, et al. Dissemination of antibiotic resistance genes in representative broiler feedlots environments: Identification of indicator ARGs and correlations with environmental variables[J]. Environmental Science & Technology, 2014, 48(22): 13120-13129.

[153] QIAO M, YING G G, SINGER A C, et al. Review of antibiotic resistance in China and its environment[J]. Environment International, 2018, 110: 160-172.

[154] SUN Y B, XU Y, XU Y M, et al. Reliability and stability of immobilization remediation of Cd polluted soils using sepiolite under pot and field trials[J]. Environmental Pollution, 2016, 208: 739-746.

[155] YU H, ZHU Y F, HUI A P, et al. Removal of antibiotics from aqueous solution by using porous adsorbent templated from eco-friendly Pickering aqueous foams[J]. Journal of Environmental Sciences, 2021, 102: 352-362.

[156] 王盈盈, 余静, 曾红杰, 等. 磁性吸附剂 CeO_2/MZFS 去除水中盐酸四环素[J]. 环境科学学报, 2020, 40(9): 3250-3258.

[157] JOSEPH L, JUN B M, JANG M, et al. Removal of contaminants of emerging concern by metal-organic framework nanoadsorbents: A review[J]. Chemical Engineering Journal, 2019, 369: 928-946.

[158] SHEN Y, CHEN B L. Sulfonated graphene nanosheets as a superb adsorbent for various environmental pollutants in water[J]. Environmental Science & Technology, 2015, 49(12): 7364-7372.

[159] XIONG W P, ZENG G M, YANG Z H, et al. Adsorption of tetracycline antibiotics from aqueous solutions on nanocomposite multi-walled carbon nanotube functionalized MIL-53(Fe) as new adsorbent[J]. Science of the Total Environment, 2018, 627: 235-244.

[160] 侯嫔, 杨晓瑜, 霍燕龙, 等. 超声氧化多壁碳纳米管对水中 Ni(II)的吸附效能[J]. 环境工程学报, 2021, 15(7):2256-2264.

[161] ZHANG B P, HAN X L, GU P J, et al. Response surface methodology approach for optimization of ciprofloxacin adsorption using activated carbon derived from the residue of desilicated rice husk[J]. Journal of Molecular Liquids, 2017, 238: 316-325.

[162] SOPHIA A C, LIMA E C. Removal of emerging contaminants from the environment by adsorption[J]. Ecotoxicology and Environmental Safety, 2018, 150: 1-17.

[163] 杜明阳, 邹京, 豆俊峰, 等. 钾改性蒙脱石磁性微球对铯的吸附性能[J]. 环境化学, 2021, 40(3): 779-789.

[164] GULEN B, DEMIRCIVI P. Adsorption properties of flourouquinolone type antibiotic ciprofloxacin into 2：1 dioctahedral clay structure: Box-Behnken experimental design[J]. Journal of Molecular Structure, 2020, 1206: 127659.

[165] ZHANG B F, YUAN P, GUO H Z, et al. Effect of curing conditions on the microstructure and mechanical performance of geopolymers derived from nanosized tubular halloysite[J]. Construction and Building Materials, 2021, 268: 121186.

[166] ZAINAB S M, JUNAID M, XU N, et al. Antibiotics and antibiotic resistant genes (ARGs) in groundwater: A global review on dissemination, sources, interactions, environmental and human health risks[J]. Water Research, 2020, 187: 116455.

[167] KAMPOURIS I D, ALYGIZAKIS N, KLÜMPER U, et al. Elevated levels of antibiotic resistance in groundwater during treated wastewater irrigation associated with infiltration and accumulation of antibiotic residues[J]. Journal of Hazardous Materials, 2022, 423: 127155.

[168] ZHANG S, ABBAS M, REHMAN M U, et al. Dissemination of antibiotic resistance genes (ARGs) via integrons in Escherichia coli: A risk to human health[J]. Environmental Pollution, 2020, 266: 115260.

[169] CHANG P R, XIE Y F, WU D L, et al. Amylose wrapped halloysite nanotubes[J]. Carbohydrate Polymers, 2011, 84(4): 1426-1429.

[170] JOO Y, JEON Y, LEE S U, et al. Aggregation and stabilization of carboxylic acid functionalized halloysite nanotubes (HNT-COOH)[J]. The Journal of Physical Chemistry C, 2012, 116(34): 18230-18235.

[171] MATUSIK J, WSCISLO A. Enhanced heavy metal adsorption on functionalized nanotubular halloysite interlayer grafted with aminoalcohols[J]. Applied Clay Science, 2014, 100: 50-59.

[172] 王嘉玮. 渭河西安段表层水体中抗生素的分布特征及生态风险评价[D]. 西安:西安理工大学, 2018.

[173] COSTA R F, FIRMANO R F, COLZATO M, et al. Sulfur speciation in a tropical soil amended with lime and phosphogypsum under long-term no-tillage system[J]. Geoderma, 2022, 406: 11546.

[174] ZHANG W, WANG L, SU Y G, et al. Indium oxide/halloysite composite as highly efficient adsorbent for tetracycline removal: Key roles of hydroxyl groups and interfacial interaction[J]. Applied Surface Science, 2021, 566: 150708.

[175] ZENG H, LI J, ZHAO W, et al. The current status and prevention of antibiotic pollution in groundwater in China[J]. International Journal of Environmental Research and Public Health, 2022, 19: 11256.

[176] ZHANG Y G, BAI L B, CHENG C, et al. A novel surface modification method upon halloysite nanotubes: A desirable cross-linking agent to construct hydrogels[J]. Applied Clay Science, 2019, 182: 105259.

[177] FAKHRUDDIN K, HASSAN R, KHAN M U A, et al. Halloysite nanotubes and halloysite-based composites for biomedical applications[J]. Arabian Journal of Chemistry, 2021, 14(9): 103294.

[178] WENG O Y, ATSUSHI T, YURI M L. Selective modification of halloysite lumen with octadecylphosphonic acid: New inorganic tubular micelle[J]. Journal of American Chemical Society, 2012, 134(3): 1853-1859.

[179] 刘瑞超. 改性埃洛石纳米管对染料的吸附性能研究[D]. 郑州: 郑州大学, 2011.

[180] JOUSSEIN E, PETIT S, CHURCHMAN J, et al. Halloysite clay minerals: A review[J]. Clay Miner, 2005, 40(4): 383-426.

[181] ELUMALAI D N, LVOV Y, DEROSA P. Implementation of a simulation model of the controlled release of molecular species from halloysite nanotubes[J]. Journal of Encapsulation & Adsorption Sciences, 2015, 5(1): 74-92.

[182] NIA G, DAVID G L, STEPHEN H, et al. Effect of pH on the cation exchange capacity of some halloysite nanotubes[J]. Clay Minerals, 2016(51): 373-383.

[183] 刘明贤. 具有新型界面结构的聚合物—埃洛石纳米复合材料[D]. 广州:华南理工大学, 2010.

[184] ZAGRARNI M F, BOUAZIZ S, JEMAI M B M, et al. Characterization of the Ain Khemouda halloysite (western Tunisia) for ceramic industry[J]. Journal of African Earth ences, 2015, 111: 194-201.

[185] WANG Q, ZHANG J P, ZHENG Y, et al. Adsorption and release of ofloxacin from acid-and heat-treated halloysite[J]. Colloids and Surfaces B: Biointerfaces, 2014(113): 51-58.

[186] Jauković V, Krajišnik D, Daković A, et al. Influence of selective acid-etching on functionality of halloysite-chitosan nanocontainers for sustained drug release[J]. Materials Science and Engineering: C, 2021, 123: 112029.

[187] YUAN P, TAN D Y, ANNABI-BERGAYA F. Properties and applications of halloysite nanotubes: Recent research advances and future prospects[J]. Applied Clay Science, 2015(112-113): 75-93.

[188] ABDULLAYEV E, LVOV Y. Halloysite clay nanotubes for controlled release of protective agents[J]. Journal of Nanoscience and Nanotechnology, 2011, 11(11): 10007-10026.

[189] SAFA G, MOHAMMAD A H, PAL P, et al. Removal of iron from industrial lean methyldiethanolamine solvent by adsorption on sepiolite[J]. Separation Science and Technology, 2018, 53(3): 404-416.

[190] 李文斌. 两性—阴(阳)离子复配修饰黏土的修饰机制及其对菲, Cr(Ⅵ)的吸附[D]. 杨凌: 西北农林科技大学, 2016.

[191] 张丽蓉. 有机改性海泡石对染料孔雀石绿的吸附试验研究[D]. 长沙: 湖南大学, 2013.

[192] ANTONELLI R, MALPASS G, SILVA M, et al. Adsorption of ciprofloxacin onto thermally modified bentonite clay: Experimental design, characterization, and adsorbent regeneration[J]. Journal of Environmental Chemical Engineering, 2020, 8(6): 104553.

[193] 陆肖苏, 佟亮, 陈浩, 等. 改性黏土质吸附剂制备及其丙酮吸附性能研究[J]. 当代化工, 2023, 52(6): 1284-1288.

[194] OBAYOMI K S, AUTA M, KOVO A S. Isotherm, kinetic and thermodynamic studies for adsorption of lead(Ⅱ) onto modified Aloji clay[J]. Desalination and Water Treatment, 2020, 181: 376-384.

[195] KHAJEH M, GHAEMI A. Exploiting response surface methodology for experimental modeling and optimization of CO_2 adsorption onto NaOH-modified nanoclay montmorillonite[J]. Journal of Environmental Chemical Engineering, 2020, 8(2): 103663.

[196] 孙洪良. 复合改性膨润土对水中有机物和重金属的协同吸附研究[D]. 杭州: 浙江大学, 2010.

[197] HAMID Y, TANG L, HUSSAIN B, et al. Sepiolite clay: A review of its applications to immobilize toxic metals in contaminated soils and its implications in soil-plant system[J]. Environmental Technology & Innovation, 2021, 23:

101598.

[198] FU F, WANG Q. Removal of heavy metal ions from wastewaters: A review[J]. Journal of Environmental Management, 2011, 92(3): 407-418.

[199] QI J, YU J, SHAH K, et al. Applicability of clay/organic clay to environmental pollutants: Green way——An overview[J]. Applied Sciences, 2023, 13: 9395.

[200] RATNER B D, HOFFMAN A S, MCARTHUR S L. Physicochemical Surface Modification of Materials Used in Medicine[M]//Biomaterials Science (Fourth Edition). Cambridge: Academic Press, 2020.

[201] ATYAKSHEVA L F, KASYANOV I A. Halloysite, natural aluminosilicate nanotubes: Structural features and adsorption properties (a review)[J]. Petroleum Chemistry, 2021, 61(8): 932-950.

[202] SHARMA R, JAFARI S M, SHARMA S. Antimicrobial bio-nanocomposites and their potential applications in food packaging[J]. Food Control, 2020, 112: 107086.

[203] YUAN P, TAN D, ANNABI-BERGAYA F, et al. Changes in structure, morphology, porosity, and surface activity of mesoporous halloysite nanotubes under heating[J]. Clays & Clay Minerals, 2012, 60(6): 561-573.

[204] PENG Y, SOUTHON P D, LIU Z W, et al. Functionalization of halloysite clay nanotubes by grafting with γ-aminopropyltriethoxysilane[J]. The Journal of Physical Chemistry C, 2008, 112(40): 15742-15751.

[205] 万芳. 阴-非离子型有机蒙脱石的制备、表征及应用研究[D]. 武汉:中国地质大学, 2013.

[206] IAMA B, AHJ A, ASA C, et al. Physicochemical modification of chitosan with fly ash and tripolyphosphate for removal of reactive red 120 dye: Statistical optimization and mechanism study[J]. International Journal of Biological Macromolecules, 2020, 161: 503-513.

[207] WANG W, WANG J G, ZHAO Y L, et al. High-performance two-dimensional montmorillonite supported-poly(acrylamide-co-acrylic acid) hydrogel for dye removal[J]. Environmental Pollution, 2019, 257: 113574.

[208] YUAN P, LIU D, FAN M D, et al. Removal of hexavalent chromium [Cr(Ⅵ)] from aqueous solutions by the diatomite-supported/unsupported magnetite nanoparticles[J]. Journal of Hazardous Materials, 2010, 173(1-3): 614-621.

[209] KILISLIOGLU A, BILGIN B. Adsorption of uranium on halloysite[J]. Radiochimica Acta, 2002, 90(3): 155-160.

[210] WANG Y Y, ZHANG X, WANG Q R, et al. Continuous fixed bed adsorption of Cu(Ⅱ) by halloysite nanotube-alginate hybrid beads: An experimental and modelling study[J]. Water Science & Technology, 2014, 70(2): 192-199.

[211] WANG J H, ZHANG X, ZHANG B, et al. Rapid adsorption of Cr(Ⅵ) on modified halloysite nanotubes[J]. Desalination, 2010, 259(1-3): 22-28.

[212] DUAN J M, WANG J H, ZHANG B, et al. Cr(Ⅵ) adsorption on mercaptopropyl-functionalized halloysite nanotubes[J]. Fresenius Environmental Bulletin, 2010, 19(12): 2783-2787.

[213] ZHAO M F, LUO P. Adsorption behavior of methylene blue on halloysite nanotubes[J]. Microporous and Mesoporous Materials, 2008, 112(1-3): 419-424.

[214] LUO P, ZHAO Y F, ZHANG B, et al. Study on the adsorption of Neutral Red from aqueous solution onto halloysite nanotubes[J]. Water Research, 2010, 44(5): 1489.

[215] LIU R X, ZHANG B, MEI D, et al. Adsorption of methyl violet from aqueous solution by halloysite nanotubes[J]. Desalination, 2011, 268(1-3): 111-116.

[216] 李汝常. 天然埃洛石纳米管改性及海洋药物负载研究[D]. 杭州:浙江大学, 2018.

[217] ZHENG Y A, WANG A Q. Enhanced adsorption of ammonium using hydrogel composites based on chitosan and halloysite[J]. Journal of Macromolecular Science Pure & Applied Chemistry, 2010, 47(1): 33-38.

[218] SZCZEPANIK B, SLOMKIEWICZ P, GARNUSZEK M, et al. Adsorption of chloroanilines from aqueous solutions

on the modified halloysite[J]. Applied Clay Science, 2014, 101: 260-264.

[219] DAI J D, WEI X, CAO Z J, et al. Highly-controllable imprinted polymer nanoshell at the surface of magnetic halloysite nanotubes for selective recognition and rapid adsorption of tetracycline[J]. Rsc Advances, 2014, 4(16): 7967-7978.

[220] 贾振福, 殷杰蕊, 张文龙, 等. 有机改性蛭石材料的制备及对甲基橙的吸附性能研究[J]. 安全与环境学报, 2023, 23(10): 3741-3748.

[221] MOHAMMAD M, HIWA H, ALI A, et al. Preparation and characterization of modified sepiolite for the removal of Acid green 20 from aqueous solutions: Isotherm, kinetic and process optimization[J]. Applied Water Science, 2018, 8(6): 174.

[222] LAZZARA G, CAVALLARO G, PANCHAL A, et al. An assembly of organic-inorganic composites using halloysite clay nanotubes[J]. Current Opinion in Colloid & Interface Science, 2018, 35: 42-50.

[223] WU J Y, WANG Y H, WU Z X, et al. Adsorption properties and mechanism of sepiolite modified by anionic and cationic surfactants on oxytetracycline from aqueous solutions[J]. Science of the Total Environment, 2019, 708: 134409.

[224] BAILEY S E, OLIN T J, BRICKA R M. A review of potentially low-cost sorbents for heavy metals[J]. Water Research, 1999, 33(4): 1014-1026.

[225] 罗瑜, 朱利中. 阴-阳离子有机膨润土吸附水中苊的性能及机理研究[J]. 环境污染与防治, 2005, 27(4): 251-253.

[226] 石油地质勘探专业标准化委员会. 粘土阳离子交换容量及盐基分量测定方法: SY/T 5395—2016[S].北京: 国家能源局.

[227] 温佩. 阴—阳离子有机膨润土的制备及吸附性能研究[D]. 天津: 天津科技大学, 2008.

[228] SMITH J M. Chemical Engineering Kinetics[M]. New York: McGraw Hill, 1981.

[229] 陈冰霞. SDBS 有机改性海泡石吸附重金属 Pb(Ⅱ)的试验研究[D]. 长沙: 湖南大学, 2013.

[230] ZHAO X W, ZHANG G, JIA Q, et al. Adsorption of Cu(Ⅱ), Pb(Ⅱ), Co(Ⅱ), Ni(Ⅱ), and Cd(Ⅱ) from aqueous solution by poly(aryl ether ketone) containing pendant carboxyl groups (PEK-L): Equilibrium, kinetics, and thermodynamics[J]. Chemical Engineering Journal, 2011, 171(1): 152-158.

[231] SAKURAI K, OHDATE Y, KYUMA K. Potentiometric automatic titration(PAT) method to evaluate zero point of charge (ZPC) of variable charge soils[J]. Soil Science and Plant Nutrition, 1989, 35: 89-100.

[232] CHANG P H, LI Z H, JIANG W T, et al. Adsorption and intercalation of tetracycline by swelling clay minerals[J]. Applied Clay Science, 2009, 46(1): 27-36.

[233] 谢婷. 两性复配修饰膨润土和两性磁性膨润土对 Cd(Ⅱ)和 Cr(Ⅵ)的吸附研究[D]. 杨凌:西北农林科技大学, 2019.

[234] SZCZEPANIK B, OMKIEWICZ P, GARNUSZEK M, et al. The effect of chemical modification on the physico-chemical characteristics of halloysite: FTIR, XRF, and XRD studies[J]. Journal of Molecular Structure, 2015, 1084: 16-22.

[235] 景瑞芳. 埃洛石纳米管及高岭土纳米管脱硫性能的研究[D]. 天津: 天津大学, 2013.

[236] ZHENG Y, WANG L F, ZHONG F L, et al. Site-oriented design of high-performance halloysite-supported palladium catalysts for methane combustion[J]. Industrial & Engineering Chemistry Research, 2020, 59: 5636-5647.

[237] MARTINEZFEREZ A, GUADIX A, GUADIX M. Recovery of caprine milk oligosaccharides with ceramic membranes[J]. Journal of Membrane Science, 2006, 276: 23-30.

[238] YAN Z L, FU L J, ZUO X C, et al. Green assembly of stable and uniform silver nanoparticles on 2D silica nanosheets for catalytic reduction of 4-nitrophenol[J]. Applied Catalysis B Environmental, 2018, 226: 23-30.

[239] SUN Y B, SHAO D D, CHEN C L, et al. Highly efficient enrichment of radionuclides on graphene oxide-supported polyaniline[J]. Environmental Science & Technology, 2013, 47(17): 9904-9910.

[240] 周蕾. 基于埃洛石砷吸附材料的制备及性能研究[D]. 扬州: 扬州大学, 2019.

[241] LI F B, LI X Y, CUI P. Adsorption of U(Ⅵ) on magnetic iron oxide/Paecilomyces catenlannulatus composites[J]. Journal of Molecular Liquids, 2017, 252: 52-57.

[242] JIN Z X, WANG X X, SUN Y B, et al. Adsorption of 4-n-nonylphenol and bisphenol-a on magnetic reduced graphene oxides: A combined experimental and theoretical studies[J]. Environmental Science & Technology, 2015, 49(15): 9168.

[243] SONG N, HURSTHOUSE A, MCLELLAN I, et al. Treatment of environmental contamination using sepiolite: Current approaches and future potential[J]. Environmental Geochemistry and Health, 2021, 43(7): 2679-2697.

[244] MA J, BILOTTI E, PEJIS T, et al. Preparation of polypropylene/sepiolite nanocomposites using supercritical CO₂, assisted mixing[J]. European Polymer Journal, 2007, 43 (12): 4931-4939.

[245] BALCI S. Nature of ammonium ion adsorption by sepiolite: Analysis of equilibrium data with several isotherms[J]. Water Research, 2004, 38:1129-1138.

[246] 马玉. CTAB 改性海泡石的和制备及其对刚果红和双酚 A 的吸附研究[D]. 湘潭: 湘潭大学, 2017.

[247] 陈润泽. Fe₃O₄/CTAB 双改性海泡石的制备及其对水中刚果红去除性能的研究[D]. 湘潭: 湘潭大学, 2018.

[248] 颜靖. 有机改性海泡石吸附水中酸性品红的试验研究[D]. 长沙: 湖南大学, 2013.

[249] 王亮, 陈孟林, 何星存, 等. 改性海泡石对亚甲基蓝的吸附性能[J]. 过程工程学报, 2009, 9(6): 1095-1098.

[250] 刘崇敏, 黄益宗, 于方明, 等. 改性海泡石对 Pb²⁺吸附特性的影响[J]. 环境化学, 2013, 11: 2024-2029.

[251] 张才灵, 牛成, 潘勤鹤, 等. 海泡石改性及对 Pb²⁺吸附性能研究[J]. 广州化工, 2016, 23: 73-74.

[252] 张高科, 崔国治. 海泡石的活化及其吸附性能研究[J]. 非金属矿, 1994, 1: 40-41.

[253] 陈昭平, 罗来涛, 李永绣, 等. 酸处理对海泡石表面及其结构性质的影响[J]. 南昌大学学报, 2000, 24(1): 68-72.

[254] KARA M, YUZER H, SABAH E, et al. Adsorption of cobalt from aqueous solutions onto sepiolite[J]. Water Research, 2003, 37: 224-232.

[255] 杨胜科, 王文科, 李翔. 改性海泡石处理含砷饮用水研究[J]. 纳米技术与精密工程, 2000, 10: 9-13.

[256] 金胜明, 阳卫军, 唐漠堂. 海泡石的表面改性酸法处理研究[J]. 现代化工, 2001, 21(1): 26-28.

[257] 李松军, 罗来涛. 海泡石的改性研究[J]. 江西科学, 2001, 19(1): 61-66.

[258] RYTWO G, TROPP D, SERBAN C. Adsorption of diquat, paraquat and methyl green on sepiolite: Experimental results and model calculations[J]. Applied Clay Science, 2002, 20(6): 273-282.

[259] 杨斌彬. 海泡石的活化及其对苯乙烯的吸附性能研究[D]. 石家庄: 河北科技大学, 2012.

[260] DONZALEZ-PRADAS E, SOCIAS-VICIANAN M, URENA-AMATE M D, et al. Adsorption of chloridazon from aqueous solution on heat and acid treated sepiolites[J]. Water Research, 2005, 39: 1849-1857.

[261] OZTURK N, BEKTAS T E. Nitrate removal from aqueous solution by adsorption onto various materials[J]. Journal of Hazardous Materials, 2004, 112: 155-162.

[262] 夏燕, 朱润良, 陶奇, 等. 阴离子表面活性剂改性水滑石吸附硝基苯的特性研究[J]. 环境科学, 2013, 34(1): 226-230.

[263] DUMAN O, TUNC S, POLAT T G. Adsorptive removal of triarylmethane dye (Basic Red 9) from aqueous solution by sepiolite as effective and low-cost adsorbent[J]. Microporous and Mesoporous Materials, 2015, 210: 176-184.

[264] ZHAO S, HUANG G H, MU S, et al. Immobilization of phenanthrene onto gemini surfactant modified sepiolite at solid/aqueous interface: Equilibrium, thermodynamic and kinetic studies[J]. Science of the Total Environment, 2017, 589: 619-627.

[265] ALKAN M, DEMIRBAS O, DDGAN M. Adsorption kinetics and thermodynamics of an anionic dye onto sepiolite[J]. Microporous and Mesoporous Materials, 2006, 101: 388-396.

[266] CRANE M, WATTS C, BOUCARD T. Chronic aquatic environmental risks from exposure to human pharmaceuticals[J]. Science of the Total Environment, 2006, 367(1): 23-41.

[267] 刘帅. 蛭石的有机改性及其对抗生素和环境激素的吸附性能研究[D]. 广州: 华南理工大学, 2017.

[268] 葛渊数. 有机膨润土对水中有机物的吸附作用及处理工艺[D]. 杭州: 浙江大学, 2004.

[269] 赵子龙, 傅大放. 阴-阳离子改性凹凸棒石对水溶液中双酚 A 的吸附机制[J]. 东南大学学报, 2012, 42(5): 921-927.

[270] 颜文昌, 袁鹏, 谭道永, 等. 富镁与贫镁坡缕石的红外光谱[J]. 硅酸盐学报, 2013, 41(1): 89-95.

[271] CASAL B, MERINO J, SERRATOSA J M, et al. Sepiolite-based materials for the photo- and thermal-stabilization of pesticides[J]. Applied Clay Science, 2001, 18(5-6): 245-254.

[272] LI Y F, WANG M X, SUN D J, et al. Effective removal of emulsified oil from oily wastewater using surfactant-modified sepiolite[J]. Applied Clay Science, 2018, 157: 227-236.

[273] CAN M, DEMIRCI S, YILDRIM Y, et al. Modification of halloysite clay nanotubes with various alkyl halides, and their characterization, blood compatibility, biocompatibility, and genotoxicity[J]. Materials Chemistry and Physics, 2021, 259: 124013.

[274] QU J J, ZHANG K C, SUN B, et al. Experimental study of surface texture and resonance mechanism of booming sand[J]. Science in China Series D-Earth Science, 2007(50): 1351-1358.

[275] ZHANG D, YANG S K, WANG Y N, et al. Adsorption characteristics of oxytetracycline by different fractions of organic matter in sedimentary soil[J]. Environmental Science and Pollution Research, 2019, 26(6): 5668-5679.

[276] YANG F, ZHANG Q, JIAN H Z, et al. Effect of biochar-derived dissolved organic matter on adsorption of sulfamethoxazole and chloramphenicol[J]. Journal of Hazardous Materials, 2020, 396: 122598.

[277] YANG X, ZHANG S Q, LIU L, et al. Study on the long-term effects of DOM on the adsorption of BPS by biochar[J]. Chemosphere, 2020, 242: 125165.

[278] SHEN S Q, YANG S K, JIANG Q L, et al. Effect of dissolved organic matter on adsorption of sediments to Oxytetracycline: An insight from zeta potential and DLVO theory[J]. Environmental Science and Pollution, 2020, 27(2): 1697-1709.

[279] FENG S, ZHANG L, WANG S R, et al. Characterization of dissolved organic nitrogen in wet deposition from Lake Erhai basin by using ultrahigh resolution FT-ICR mass spectrometry[J]. Chemosphere, 2016, 156: 438-445.

[280] GUPTA S K, VYAVAHARE S, DUCHESNE B I L, et al. Microbiota-derived tryptophan metabolism: Impacts on health, aging, and disease[J]. Experimental Gerontology, 2023, 183: 112319.

[281] SUN C M, PENG L, CHEN A W, et al. Effects and possible mechanisms of dissolved organic matter originated from cattle manure on adsorption of cadmium by periphyton[J]. Journal of Water Process Engineering, 2021, 43: 102258.

[282] 王彦妮. 土壤中有机质不同级分对土霉素的吸附研究[D]. 西安:长安大学, 2017.

[283] HE X S, XI B D, WEI Z M, et al. Spectroscopic characterization of water extractable organic matter during composting of municipal solid waste[J]. Chemosphere, 2011, 82(4): 541-548.

[284] 洪志强, 熊瑛, 李艳, 等. 白洋淀沉水植物腐解释放溶解性有机物光谱特性[J]. 生态学报, 2016, 36(19): 6308-6317.

[285] WAN D, KONG Y Q, SELVINSIMPSON S, et al. Effect of UV$_{254}$ disinfection on the photoformation of reactive species from effluent organic matter of wastewater treatment plant[J]. Water Research, 2020, 185: 116301.

[286] SOWERS T D, HOLDEN K L, COWARD E K, et al. Dissolved organic matter sorption and molecular fractionation by naturally occurring bacteriogenic iron (oxyhydr) oxides[J]. Environmental Science & Technology, 2019, 53(8): 4295-4304.

[287] RAN S, HE T R, ZHOU X, et al. Effects of fulvic acid and humic acid from different sources on Hg methylation in soil and accumulation in rice[J]. Journal of Environmental Sciences, 2022, 119: 93-105.

[288] ZHANG F F, ZHANG W W, WU S Z, et al. Analysis of UV-Vis spectral characteristics and content estimation of soil DOM under mulching practices[J]. Ecological Indicators, 2022, 138: 108869.

[289] CHEN M L, LIU S S, BI M H, et al. Aging behavior of microplastics affected DOM in riparian sediments: From the characteristics to bioavailability[J]. Journal of Hazardous Materials, 2022, 431: 128522.

[290] LIU X H, ZHANG H B, LUO Y M, et al. Sorption of oxytetracycline in particulate organic matter in soils and sediments: Roles of pH, ionic strength and temperature[J]. Science of the Total Environment, 2020, 714: 136628.

[291] RAIESI F. The quantity and quality of soil organic matter and humic substances following dry-farming and subsequent restoration in an upland pasture[J]. Catena, 2021, 202: 105249.

[292] ROMERA-CASTILLO C, CHEN M L, YAMASHITA Y, et al. Fluorescence characteristics of size-fractionated dissolved organic matter: Implications for a molecular assembly based structure?[J]. Water Research, 2014, 55: 40-51.

[293] CHEN K L, LIU L C, CHEN W R. Adsorption of sulfamethoxazole and sulfapyridine antibiotics in high organic content soils[J]. Environment Pollution, 2017, 231: 1163-1171.

[294] CAMOTTI B M, SOUBRAND M, LE G T, et al. Occurrence, fate and environmental risk assessment of pharmaceutical compounds in soils amended with organic wastes[J]. Geoderma, 2020, 375: 114498.

[295] WANG B, LI M, ZHANG H Y, et al. Effect of straw-derived dissolved organic matter on the adsorption of sulfamethoxazole to purple paddy soils[J]. Ecotoxicology and Environmental Safety, 2020, 203: 110990.

[296] 黄清利, 王朋, 张凰, 等. 氧氟沙星在不同性质碳基吸附剂上的吸附动力学特征[J]. 环境化学, 2016, 35(4): 651-657.

[297] JIA M Y, WANG F, BIAN Y R, et al. Sorption of sulfamethazine to biochars as affected by dissolved organic matters of different origin[J]. Bioresource Technology, 2018, 248: 36-43.

[298] SUKUL P, LAMSHOFT M, ZUHLKE S, et al. Sorption and desorption of sulfadiazine in soil and soil-manure systems[J]. Chemosphere, 2008, 73(8): 1344-1350.

[299] DEHGHAN M A, GHAZANFARI M H, JAMIALAHMADI M, et al. Adsorption of silica nanoparticles onto calcite: Equilibrium, kinetic, thermodynamic and DLVO analysis[J]. Chemical Engineering Journal, 2015, 281: 334-344.

[300] VASUDEVAN D, BRULAND G L, TORRANCE B S, et al. pH-dependent ciprofloxacin sorption to soils: Interaction mechanisms and soil factors influencing sorption[J]. Geoderma, 2009, 151(3): 68-76.

[301] CHRISTL I, RUIZ M, SCHMIDT J R, et al. Clarithromycin and tetracycline binding to soil humic acid in the absence and presence of calcium[J]. Environment Science & Technology, 2016, 50(18): 9933-9942.

[302] LU L, RAO W, SONG Y, et al. Natural dissolved organic matter (DOM) affects W(Ⅵ) adsorption onto Al (hydr)oxide: Mechanisms and influencing factors[J]. Environmental Research, 2022, 205: 112571.

[303] JIANG Y F, LIANG X R, YUAN L M, et al. Effect of livestock manure on chlortetracycline sorption behaviour and mechanism in agricultural soil in Northwest China[J]. Chemical Engineering Journal, 2021, 415: 129020.

[304] FIGUEROA-DIVA R A, VASUDEVAN D, MACKAY A A. Trends in soil sorption coefficients within common antimicrobial families[J]. Chemosphere, 2010, 79(8):786-793.

[305] ZHAO J J, YANG Y, LI C, et al. Impacts of mono/divalent cations on the lamellar structure of cross-linked GO layers and membrane filtration performance for different DOM fractions[J]. Chemosphere, 2019, 237: 124544.

[306] ZHANG J, LI Z J, GE G F, et al. Impacts of soil organic matter, pH and exogenous copper on sorption behavior of norfloxacin in three soils[J]. Journal of Environmental Sciences, 2009, 21(5):632-640.

[307] MARTÍNEZ-MEJÍA M J, SATO I, RATH S. Sorption mechanism of enrofloxacin on humic acids extracted from Brazilian soils[J]. Environmental Science and Pollution Research International, 2017, 24(19): 15995-16006.

[308] ZHU Y, YANG Q, LU T, et al. Effect of phosphate on the adsorption of antibiotics onto iron oxide minerals: Comparison between tetracycline and ciprofloxacin[J]. Ecotoxicology and Environmental Safety, 2020, 205: 111345.

[309] GUNDE M K. Vibrational modes in amorphous silicon dioxide[J]. Physica B: Condensed Matter, 2000, 292(3): 286-295.

[310] HAJJAJI M, KACIM S, ALAMI A, et al. Chemical and mineralogical characterization of a clay taken from the Moroccan Meseta and a study of the interaction between its fine fraction and methylene blue[J]. Applied Clay Science, 2001, 20(1-2): 1-12.

[311] MELNYK I V, TOMINA V V, STOLYARCHUK N V, et al. Organic dyes (acid red, fluorescein, methylene blue) and copper (II) adsorption on amino silica spherical particles with tailored surface hydrophobicity and porosity[J]. Journal of Molecular Liquids, 2021, 336: 116301.

[312] KEILUWEIT M, KLEBER M. Molecular-level interactions in soils and sediments: The role of aromatic π-systems[J]. Environmental Science & Technology, 2009, 43(10): 3421-3429.

[313] PAUL T, MACHESKY M L, STRATHMANN T J. Surface complexation of the zwitterionic fluoroquinolone antibiotic ofloxacin to nano-anatase TiO_2 photocatalyst surfaces[J]. Environment Science & Technology. 2012, 46(21): 11896-11904.

[314] HO S H, CHEN Y D, LI R X, et al. N-doped graphitic biochars from C-phycocyanin extracted Spirulina residue for catalytic persulfate activation toward nonradical disinfection and organic oxidation[J]. Water Research, 2019, 159: 77-86.

[315] MA Y F, LU T M, YANG L, et al. Efficient adsorptive removal of fluoroquinolone antibiotics from water by alkali and bimetallic salts co-hydrothermally modified sludge biochar[J]. Environmental Pollution, 2022, 298: 118833.

[316] TANG W, JING F, LAURENT Z B L G, et al. High-temperature and freeze-thaw aged biochar impacts on sulfonamide sorption and mobility in soil[J]. Chemosphere, 2021, 276: 130106.

[317] NINWIWEK N, HONGSAWAT P, PUNYAPALAKUL P, et al. Removal of the antibiotic sulfamethoxazole from environmental water by mesoporous silica-magnetic graphene oxide nanocomposite technology: Adsorption characteristics, coadsorption and uptake mechanism[J]. Colloids and Surfaces A: Physicochemical and Engineering Aspects, 2019, 580: 123716.

[318] LIU G Z, ZHU Z L, YANG Y X, et al. Sorption behavior and mechanism of hydrophilic organic chemicals to virgin and aged microplastics in freshwater and seawater[J]. Environmental Pollution, 2019, 246: 26-33.

[319] 朱志林. 典型微塑料与水环境中 PPCPs 的复合毒性及吸附行为研究[D]. 济南: 山东大学, 2019.

[320] GUO X, CHEN C, WANG J L. Sorption of sulfamethoxazole onto six types of microplastics[J]. Chemosphere, 2019, 228: 300-308.

[321] 张凯娜. 抗生素在微塑料表面的吸附行为研究[D]. 烟台:烟台大学, 2018.

[322] GUO X T, PANG J W, CHEN S Y, et al. Sorption properties of tylosin on four different microplastics[J]. Chemosphere, 2018, 209: 240-245.

[323] XU B, LIU F, PHILIP C, et al. The sorption kinetics and isotherms of sulfamethoxazole with polyethylene microplastics[J]. Marine Pollution Bulletin, 2018, 131: 191-196.

[324] GUO X T, GE J H, YANG C, et al. Sorption behavior of tylosin and sulfamethazine on humic acid: Kinetic and thermodynamic studies[J]. Research Advances, 2015, (72): 588-652.

[325] GUO X, WANG J L. The chemical behaviors of microplastics in marine environment: A review[J]. Marine Pollution

Bulletin, 2019, 142: 1-14.

[326] 杨杰, 仓龙, 邱炜, 等. 不同土壤环境因素对微塑料吸附四环素的影响[J]. 农业环境科学学报, 2019, 38(11): 2503-2510.

[327] 张凯娜, 李嘉, 李晓强, 等. 微塑料表面土霉素的吸附-解吸机制与动力学过程[J]. 环境化学, 2017, 36(12): 2531-2540.

[328] GUO X, LIU Y, WANG J L. Sorption of sulfamethazine onto different types of microplastics: A combined experimental and molecular dynamics simulation study[J]. Marine Pollution Bulletin, 2019, 145: 547-554.

[329] HUEFFER T, HOFMANN T. Sorption of non-polar organic compounds by micro-sized plastic particles in aqueous solution[J]. Environmental Pollution, 2016, 214:194-201.

[330] ZENG F F, HE Y, LIAN Z H, et al. The impact of solution chemistry of electrolyte on the sorption of pentachlorophenol and phenanthrene by natural hematite nanoparticles[J]. Science of the Total Environment, 2014, 318(421) : 466-467.

[331] 李哲. 微塑料的老化及其对水中抗生素的吸附行为[D]. 沈阳:辽宁大学, 2023.

[332] AXEL M, ROLAND B, UTE D, et al. The effect of polymer aging on the uptake of fuel aromatics and ethers by microplastics[J]. Environmental Pollution, 2018, 240: 639-646.

[333] SUN H Y, SHI X, MAO J D, et al. Tetracycline sorption to coal and soil humic acids: An examination of humic structural heterogeneity[J]. Environment Toxicology Chemistry, 2010, 29: 934-1942.

[334] 庞敬文. 微塑料对典型污染物的携带机制研究[D]. 淮南:安徽理工大学, 2018.

[335] ZHANG H B, WANG J Q, ZHOU B Y, et al. Enhanced adsorption of oxytetracycline to weathered microplastic polystyrene: Kinetics, isotherms and influencing factors[J]. Environmental Pollution, 2018, 243: 1550-1557.

[336] ZICCARDI L M, EDGINGTON A, HENTZ K, et al. Microplastics as vectors for bioaccumulation of hydropHobic organic chemicals in the marine environment: A state of the science review[J]. Environmental Toxicology and Chemistry, 2016, 35(7): 1667-1676.

[337] DING L, MAO R F, MA S R, et al. High temperature depended on the ageing mechanism of microplastics under different environmental conditions and its effect on the distribution of organic pollutants[J]. Water Research, 2020, 174: 115634.

[338] ANTONY A, FUDIANTO R, COX S, et al. Assessing the oxidative degradation of hypochloritepolyamide reverse osmosis membrane-Accelerated ageing with exposure[J]. Journal of Membrane Science, 2010, 347(12): 159-164.

[339] ROGER M R, DING J N, ZHANG S S, et al. Sorption and desorption of selected pharmaceuticals by polyethylene microplastics[J]. Marine Pollution Bulletin, 2018, 136: 516-523.

[340] CRAWFORD C B, QUINN B. 5-Microplastics, standardisation and spatial distribution[J]. Microplastic Pollutants, 2017, 173: 101-130.

[341] TEUTEN E L, SAQUING J M, KNAPPE D R, et al. Transport and release of chemicals from plastics to the environment and to wildlife[J]. Philosophical Transactions of the Royal Society of London, Series B, Biological Sciences, 2009, 364(1526): 2027-2045.

[342] VELZEBOER I, KWADIJK C J, KOELMANS A A. Strong sorption of PCBs to nanoplastics, microplastics, carbon nanotubes and fullerenes[J]. Environmental Science & Technology, 2014, 48(9): 4869-4876.

[343] GUO X Y, WANG X L, ZHOU X Z, et al. Sorption of four hydrophobic organic compounds by three chemically distinct polymers: Role of chemical and physical composition[J]. Environmental Science & Technology, 2012, 46(13): 7252-7259.

[344] TURNER A, HOLMES L A. Adsorption of trace metals by microplastic pellets in fresh water environment[J]. Chemosphere, 2015, 12: 600-610.

[345] FELDMAN D. Polymer weathering: Photo-oxidation[J]. Journal of Polymers and the Environment, 2002, 10 (4): 163-173.

[346] 徐鹏程, 郭健, 马东, 等. 新制和老化微塑料对多溴联苯醚的吸附[J]. 环境科学, 2020, 41: 319-327.

[347] 陈守益. 微塑料的老化过程及其对污染物吸附的影响机制[D]. 淮南:安徽理工大学, 2019.

[348] TURNER A, HOLMES L. Occurrence, distribution and characteristics of beached plastic production pellets on the island of Malta (central Mediterranean)[J]. Marine Pollution Bulletin, 2011, 62(2): 377-381.

[349] ZBYSZEWSKI M, CORCORAN P L. Distribution and degradation of fresh water plastic particles along the beaches of Lake Huron, Canada[J]. Water Air and Soil Pollution, 2011, 220(1-4): 365-372.

[350] ALVAREZ J A, OTERO L, LEMA J M, et al. The effect and fate of antibiotics during the anaerobic digestion of pig manure[J]. Bioresource Technology, 2010, 101(22): 8581-8586.

[351] WANG Y, MAO Z, ZHANG M X, et al. The uptake and elimination of polystyrene microplastics by the Brine shrimp, Artemia parthenogenetica, and its impact on its feeding behavior and intestinal histology[J]. Chemosphere, 2019, 234: 123-131.

[352] LU X M, LU P Z, LIU X P. Fate and abundance of antibiotic resistance genes on microplastics in facility vegetable soil[J]. Science of the Total Environment, 2020, 709: 136-276.

[353] MROZIK W, STEFAŃSKA J. Adsorption and biodegradation of antidiabetic pharmaceuticals in soils[J]. Chemosphere, 2014, 95: 281-288.

[354] ZHAN Z W, WANG J D, PENG J P, et al. Sorption of 3, 3′, 4, 4′-tetrachlorobiphenyl by microplastics: A case study of polypropylene[J]. Marine Pollution Bulletin, 2016, 110(1): 559-563.

[355] LAMBERT S, SCHERER C, WAGNER M. Ecotoxicity testing of microplastics: Considering the heterogeneity of physicochemical properties[J]. Integrated Environmental Assessment and Management, 2017, 13(3): 470-475.

[356] RUBINO J T, PHARM J. Solubilities and solid state properties of the sodium salts of drugs [J]. Science, 1989 (78): 485-489.

[357] ZHAO S, NOCTOR G, BAKER A. Plant catalases: Peroxisomal redox guardians [J]. Archives of Biochemistry & Biophysics, 2012, 525(2): 181-194.

[358] ZHAO S Y, ZHU L X, WANG T, et al. Suspended microplastics in the surface water of the Yangtze Estuary System, China: First observations on occurrence, distribution[J]. Marine Pollution Bulletin, 2014, 86(1-2): 562-568.

[359] CHEN W, OUYANG Z Y, QIAN C, et al. Induced structural changes of humic acid by exposure of polystyrene microplastics: A spectroscopic insight[J]. Environmental Pollution, 2018, 233: 1-7.